한국의 근대건축

북노마드 디자인 문고
2

한국의 근대건축

글. 오창섭 류동현 이승원 김정신 이병종 안창모

북노마드

* 일러두기

북노마드 디자인문고 02 『한국의 근대건축』은 2009년 한국디자인문화재단이 발행한
격월간 디자인 잡지 《디플러스》 제3호에 실린 특별기획 '한국의 근대건축'을
단행본 형식에 맞춰 수정 및 보완한 것입니다.

차례

8 근대의 전령, 기차
  오창섭

22 '문화공간'의 탄생과 진화
  류동현

36 사서삼경을 다락방에 처박고 시체를 해부하다
  이승원

50 공간의 확대와 분절, 근대의 종교건축
  김정신

62 명륜동 일본식 목조주택에 관한 기억과 생각
  이병종

80 근대건축과 우리의 얼굴
  안창모

88 주요 근대건축 목록

Korea's
Modern Architecture

1. 세창양행 사택
2. 구 러시아 공사관
3. 중구 요식업조합
4. 약현성당
5. 독립문
6. 감곡성당
7. 환구단(원구단)
8. 정동교회
9. 명동성당
10. 목포시립도서관
11. 덕수궁 정관헌
12. 구 일본영사관
13. 인천문화원
14. 손탁호텔
15. 존스톤 별장
16. 구 서울구치소
17. 건국대학교 구 서북학회 회관
18. 구 운현궁 이준 저택
19. 선교사 스윗즈 주택
20. 선교사 챔니스 주택
21. 선교사 블레어 주택
22. 덕수궁 석조전
23. 한국은행 본관
24. 오웬기념각
25. 정동 이화여고 심슨기념관
26. 천교도 중앙대교당
27. 예산 호서은행 본점
28. 조양회관
29. 구 대구상업학교 본관
30. 문화동 우리예능원
31. 이화여자대학교 파이퍼 홀
32. 전남도청 본관
33. 동대문 운동장
34. 동아일보 사옥
35. 임시 수도 대통령 관저
36. 여수 애양병원
37. 서울시청 청사
38. 언더우드가 기념관
39. 남대문로 한국전력 사옥
40. 서울시립미술관
41. 구 동양척식주식회사 부산 지점
42. 국군기무사령부 본관
43. 구 호남은행 목포 지점
44. 홍파동 홍난파 가옥
45. 여수 구 청년회관
46. 한국문화예술진흥원 (구 경성제국대학 본관)
47. 충청남도청
48. 서울시의회 의사당 (구 부민관)
49. 제일은행 구 본점
50. 대전여중 강당
51. 구 산업은행 대전 지점
52. 덕수궁 미술관
53. 화신백화점
54. 삼성초등학교 구 교사
55. 정독도서관
56. 경교장
57. 간송미술관 보화각
58. 대방동 서울기계공업 고등학교 본관
59. 공릉동 구 서울공과대학
60. 하남호텔

근대의 전령, 기차

오창섭. 건국대학교 디자인학부 교수

서울역과 근대 체험

1899년 9월 18일 아침. 미국제 모걸Mogul 탱크형 기차가 육중한 바퀴를 움직이기 시작하던 날, 이 땅에 처음 등장한 기차를 보기 위해 군중들이 몰려들었다. 그들은 전면에 성조기와 일장기를 나란히 달고 있는 기차를 보았다. 기차가 움직이자 여기저기서 탄성이 터져 나왔다. 그러나 그들이 외친 탄성은 이내 거대한 기차의 굉음에 묻혀버렸다. 이 자리에서 그들은 주인공이 아닌 이방인이었다. 경인선은 인천 제물포와 서울의 노량진을 연결하는 우리나라 최초의 기찻길로 알려져 있다. 총 33.2킬로미터! 하루 종일 걸어야 갈 수 있었던 거리가 이제 1시간 남짓의 시간으로 이동할 수 있게 된 것이다. 그러나 이 기차가 등장하기까지의 길은 그리 순탄하지 않았다. 애초에 경인선 철도 부설권은 미국인 모스J. R. Mores에게 주어졌다. 그러나 자금 사정의 악화로 건설을 계속할 수 없었던 모스는 일본인에게 부설권을 넘겼고, 결국 경인선은 일본인이 경영하는 경인철도회사에 의해 만들어졌다. 경인선 개통식에 일장기와 성조기가 나란히 자리했던 것은 이런 순탄치 않았던 건설의 역사를 반영한 것이었다.

1900년 7월 5일에는 한강 철교가 완성되었다. 한강을 잇는 최초의 다리였던 이 다리가 준공되고 나서야 제물포에서 출발한 경인선 기차는 한강을 넘을 수 있었다. 종착지는 남대문 정거장이었다. 일본식 일자지붕을 가진 작은 목조건물인 남대문 정거장은 현재 서울역이 준공되기 전까지 여객과 물류 수송 기지의 역할을 했다. 그러나 1905년 경부선, 1906년 경의선, 1914년 경원선과 호남선이 개통되면서 새로운 역사 설립의 필요성이 대두

되었고, 마침내 1922년 6월 1일부터 새로운 역사 건설이 시작되었다. 그로부터 3년이 지난 1925년 10월 15일, 마침내 경성역(현재의 구 서울역사)이 준공되기에 이른다. 이 역은 일제강점기 내내 경성역이라는 이름으로 불리다 해방이 되고 난 후 서울역이라는 이름으로 바뀌었다. 서울역 건물은 1912년 조선은행과 1914년 동경역을 설계한 건축가 다쓰노 긴고辰野金吾의 제자인 동경제국대학의 츠카모토 야스시塚本靖의 설계로 남만주철도주식회사가 설립했다. 츠카모토 야스시는 전면 중앙에 비잔틴 양식의 돔을 얹고, 그 바로 아래 벽면에는 아치형 창을 내어 역 중앙홀 안으로 자연채광이 들도록 설계했다. 전체적으로는 르네상스 양식 풍의 이 건물은 당시 일본의 동경역 다음으로 큰 규모와 외양을 자랑했다.

서울역은 단순한 역사가 아니었다. 기차를 타고 서울에 오는 이들은 서구적 표정을 한 서울역의 모습을 통해 비로소 자신이 근대도시 서울에 도달했음을 느낄 수 있었다. 비록 기하학적인 국제주의 양식이 아닌 서양 중세건물의 외양을 취하고 있었지만 당시 서울역은 근대를 가장 함축하고 있는 공간이자 건축물로 경험되었다. 이런 경험이 가능했던 것은 '근대'가 곧 '서구'이고, '서구'가 곧 '근대'였던 우리 근대 체험의 고유성 때문이다. 서구적인 것이 곧 근대적인 것이라는 인식이 만연하던 시공간에서 서구의 건축언어로 지어진 서울역은 경험적 차원에서 근대의 표상일 수밖에 없었던 것이다. 전면에 자리한 시계, 기차, 거대한 홀과 기둥들, 이국적인 외관, 그리고 그 속을 채운 대중들의 비일상적인 움직임! 서울역을 구성하는 이러한 내용들은 역을 빠져나와 경험하게 될 서울이라는 근대도시의 체험들을 미리 보여주는 것이었다.

이러한 양상은 1977년 6월 서울역 앞에 대우빌딩이 들어서면서 바뀌게 된다. 지상 23층의 대우빌딩은 풍운의 꿈을 안고 서울에 도착한 이들에게 반세기 전 서울역이 제공하던 느낌을 다른 버전으로 제공하는 역할을 했다. 서울역에 내린 이들은 거대한 콘크리트 벽면을 마주하고 근대도시 서울을 실감할 수 있었다. 그러나 엄청난 규모의 그 매끈한 건물 뒤 남산 주변에는 노동자들의 고단한 일상을 품은 쪽방 건물들이 자리하고 있었다. 대우빌딩은 그러한 모습을 매끈한 외양으로 은폐했다. 근대는 이처럼 엄연히 존재하는 고통과 슬픔을 매끈하고 화려한 표피로 포장한 후, 경험 주체로 하여금 그 표피가 전부인 것으로 경험하기를 욕망하는 움직임인지 모른다. 기차는 이러한 모순에 찬 양가적 근대의 속성을 가장 잘 보여주는 미디어였다.

기차, 기계와 근대의 표정
기차는 기찻길 위에서만 움직일 수 있다. 경인선 기차가 서울역의 전신인 남대문 정거장에 도달하기 위해서는 그곳까지 기찻길이 만들어져야 했다. 엄밀히 말하자면 기찻길과 그 위를 달리는 기차는 서로 다른 것이지만, 둘은 서로를 필요로 한다는 점에서 하나의 기차-기계라 할 수 있다. 기차-기계는 속성상 직선적이다. 이러한 감수성으로 기차와 기찻길은 자신 앞에 자리하는 것들을 삭제한다. 골짜기는 메우고, 산을 만나면 뚫고 지나간다. 장애물 앞에서 돌아가지 않는 것이야말로 기차-기계를 기

차-기계이게 하는 중요한 태도인 것이다. 이러한 태도로 인해 기차 앞의 모든 굴곡은 사라진다. 그리고 그 자리에 매끈한 평면만이 남는다.

매끈한 평면은 근대가 자리하는 공간의 모습이다. 그것은 굴곡진 전통적인 공간과 다르다. 굴곡진 공간, 그것은 차이를 가지는 공간이고, 그 차이로 삶의 기억들이 자리하는 공간이다. 전통적인 공간의 골짜기와 봉우리들에는 온갖 전설과 일상의 무용담, 그리고 신비스런 이야기들이 가득했다. 근대의 매끈함은 단순히 물리적인 차원에서 형태의 변화만을 의미하는 것이 아니라 바로 이러한 삶의 기억들이 사라짐을 의미한다. 기억이 사라진 그 매끈한 평면 위로 근대는 자신의 형상들을 배치한다. 그 형상들은 이전에 그곳에 자리하던 것들과 근본적으로 다른 표정들을 가진다. 근대도시에 자리하는 기하학적인 형상의 사물들과 엄청난 규모의 빌딩들 사이에 유통되는 것은 신비스런 이야기가 아닌 기능과 합리성에서 파생된 기계음이다.

기하학적 형상이 만들어내는 매끈함이든, 아니면 유선형의 형상이 만들어내는 매끈함이든 근대는 매끄럽다. 심지어 근대의 정신이 자리하는 곳에는 자연마저 매끈한 표정으로 자리한다. 근대의 표정은 왜 매끄러운 것일까? 그것은 합리성이나 효율과 같은 근대의 정신을 성취하기 위한 움직임의 결과로 이야기된다. 합리성과 효율은 그러한 가치가 실현되지 않는 근대적 공간을 언제든지 매끈하게 만들고 다시 그러한 가치가 실현된 것들을 새롭게 그 자리에 생산해낸다. 이러한 움직임이 반복되는 곳에서 우리의 삶은 주인공이 아닌 조연으로 자리한다. 우리가 주인공이라고, 그래서 삶의 편리를 위해 그러한 풍경이 만들어져야 한다고 설득하지만 우리가 마주하는 것은 그러한 풍경이 주인이 되어버린 상황이다. 일제강점기 내내 우리가 경험한 것은 바로 그러한 소외였고, 현재에도 이러한 상황은 바뀌지 않았다. 근대의 표정을 마주한 우리가 슬픔을 느낀다면 그것은 바로 이러한 이유 때문일 것이다.

전통의 죽음

연기를 내뿜으며 움직이는 거대한 쇳덩어리. 그 쇳덩어리 안에서 사람들은 익히 경험해보지 못했던 속도를 경험했다. 속도, 그것은 근대 아방가르드들이 근대적 주체로서 자신들의 정체성을 드러내는 요소였을 뿐만 아니라 변화한 근대적 세계의 특징을 가장 잘 묘사하는 수식어였다. 이러한 맥락에서 마리네티 F.T. Marinetti는 "우리는 속도로부터 오는 새로운 아름다움으로 인해 우리의 웅대한 세상이 풍요로워지고 있음을 선언한다"라고 미래주의 선언에서 주장했던 것이다.[1]

속도의 체험은 그냥 얻어지는 것이 아니다. 그것은 목적지를 출발지에 압축시키는 움직임을 통해서만 성취될 수 있는 것이다. 그러기 위해서 속도를 욕망하는 주체는 출발지와 목적지만을 상상할 수 있어야 한다. 볼프강 쉬벨부쉬가 기차를 출발지와 목적지만을 아는 사물이라고 묘사한 것은 바로 그래서일 것이다. 이러한 이해를 통해 성취된 속도, 그것은 세계에 대한 경험과 감각들을 변화시킨다. 무엇보다 기차가 제공한 속도는 경험적

1
마리네티, 『미래주의 선언』, 헬렌 암스트롱, 이지원 옮김, 『그래픽 디자인 이론, 그 사상의 흐름』, 비즈앤비즈, 2009, p. 21.

인 차원에서의 공간의 크기를 축소시켰다. 기차로 인해 동일한 크기의 공간이 수축된 것으로 지각되는 경험은 그 자체로 마법사 앞에서 관객이 느끼는 경험과 다르지 않은 것이었다.

속도는 거리상 멀리 떨어져 있는 것들을 거의 동시에 경험할 수 있도록 했다. 하루라는 한정된 시간 안에 거리상으로 멀리 떨어진 양 지점에 존재할 수 있다는 상상은 기차가 들어서기 전까지 떠올릴 수 없는 것이었다. 기차의 등장은 그러한 상상을 가능하게 했고, 그것을 현실로 만들었다.

기차는 신체의 이동뿐만 아니라 정보의 이동 역시 가속화시켰다. 기차가 등장하기 전까지만 하더라도 공간적으로 멀리 떨어진 지점에서 벌어진 사건들에 대한 소식을 접하기 위해서는 많은 시간이 필요했다. 정보 전달 속도의 향상은 비동시적인 것들, 그리고 멀리 떨어진 곳에서 발생한 사건들의 동시적 경험을 가능하게 했다. 신문은 이러한 물리적 환경이 마련된 후에야 제 역할을 할 수 있는 미디어이다. 만일 멀리서 일어난 사건들을 하나의 지면에 동시에 담아낼 수 없다면, 그리고 그렇게 인쇄된 신문을 빠른 시간 안에 서로 다른 지역에 배포할 수 없다면 근대적 신문은 존재하기 어렵기 때문이다. 이러한 이유에서 우리의 근대적 신문들은 기차의 등장과 더불어 본격적으로 출현했다. 기차는 근대적 신문들과 함께 배치되어 '우리'라는 상상의 공동체를 만들어내는 기계로서 자리했다.

기차는 또한 이질적인 것들을 동시적으로 체험 가능하게 했다.

이러한 동시적 체험은 공간이나 사건의 측면에서만 이루어진 것은 아니다. 기차는 전통사회의 계급질서가 만들어낸 사람들 사이의 차이를 없애고, 그들을 동시에 자리하게 했다. 1894년 7월 30일 군국기무처는 갑오개혁의 일환으로 양반제를 폐지했다. 그러나 제도적 차원에서 그러한 조치가 내려졌다고 해서 계급적 질서에 길들여진 관계방식이 하루아침에 사라질 수는 없는 일이었다. 여전히 일상의 공간에서 계급적 질서는 유효했다. 그러나 기차는 상놈이 양반 앞에 앉아 동일한 높이에서 눈길을 주고받게 함으로써 일상적 차원에서의 탈계급적 관계방식을 가속화했다. 이러한 모든 것은 전통의 죽음을 경유해서만 성취될 수 있는 것이었다.

출발지와 목적지만을 아는 기차에게 사이에 자리하는 것들은 장애물일 수밖에 없다. 그 장애물들 앞에 놓인 선택지는 죽음밖에 없었다. 파이고, 뽑히고, 메워지는 움직임 속에서 나무와 골짜기와 산이 사라졌다. 우리의 근대공간에서 죽음의 운명과 마주한 것은 산이나 나무만이 아니다. "어떤 소년이 몽둥이를 가지고 철도 위에서 놀다가 철도 위에 몽둥이를 하나 남겨 두었다. 일본인들은 소년을 붙들어서 총살시켰다. 이 범죄자는 이제 겨우 7살이었다."[2] 라는 이상설의 글은 그 죽음이 결국 삶의 주체들의 것이었음을 잘 보여준다.

소년의 죽음은 속도의 얼굴을 하고 다가온 근대와의 만남에서 전통적 주체에게 가해진 폭력의 단면을 보여주는 것이다. 우리에게 기차의 폭력은 일본 제국주의의 폭력과 겹쳐지면서 더욱

2
윤병석, 「이상설전」,
일조각, 1984, pp. 83~84.

증폭된 모습으로 다가왔다. 당시의 민중들은 이러한 폭력에 저항했다. 달리는 기차에 돌을 던지는 소극적 저항에서 철도 정거장을 파괴하는 적극적 저항에 이르기까지 저항의 모습은 다양하게 나타났다. 그것은 일본 제국주의에 대한 저항이면서 동시에 폭력적인 근대에 대한 저항의 모습이었다. 그러나 기차를 중심으로 한 근대적 교통수단은 전통적인 공간에 자리하던 주체들을 점점 길들여갔다.

여전히 만들어지고 있는 새로운 주체

전통적 공간에서 시간은 자연이 알려주는 것이었고, 사람들은 그에 따라 삶을 살았다. 전통적인 삶의 주체들은 닭이 울면 잠에서 깨어났고, 지는 해를 보면 하던 일을 마무리했다. 배가 고프면 밥을 먹었고, 졸리면 잠을 청했다. 이것은 자연의 리듬과 흐름에 의지한 삶의 모습이었다. 그러나 근대는 하루를 24시간으로 구획하고 분과 초를 떠올리면서 살아가는 새로운 삶의 방식을 일상에 스며들게 했고, 그것을 자연스러운 것으로 만들었다.

기차는 이러한 변화를 만들어낸 중요한 미디어였다. 기차를 이용하기 위해서는 출발시각에 늦지 않게 도착해야 한다. 만일 그 시간에 늦는다면 기차를 놓치는 낭패를 경험할 수밖에 없다. 너무 일찍 도착해도 기다림의 수고를 감수해야 한다. 빨리 출발하라고 떼를 써도 기차는 출발하지 않는다. 최초의 기차인 경인선 기차 역시 정해진 시간과 정해진 분이 되어야 출발했다. 때문에 기차를 이용하면서 낭패를 피하기 위해서는 시간과 분을 알려주는 기계장치인 시계가 필요했다. 이러한 필요는 시계의 확산을 가져왔다.

1925년 새롭게 지어진 서울역 앞에는 커다란 시계가 자리하고 있었다. 그보다 앞서 1901년에 준공한 한성전기주식회사 건물에도 시계탑이 있었다. 당시 이러한 시계들은 단순히 시간을 알려주는 장치가 아니었다. 그것은 근대의 표정이었고 근대적 시간을 지키며 살라고 명령하는 명령기계에 가까웠다. 그러한 명령 속에서 전통적인 주체들은 끊임없이 시계를 보며 시간을 확인했고, 정해진 시간표에 따라 살아가는 근대적 삶의 방식에 익숙해져 갔다.

길들여진 몸은 그 이전까지 당연하게 여겨지던 것들에게서 오히려 낯섦을 느끼고 자신을 길들인 낯설었던 것들에게서 편안함을 느낀다. 그렇게 변해버린 주체는 더는 배가 고프다고 밥을 먹는 것이 아니라 식사시간이 되어야 밥을 먹고, 졸리기 때문에 잠을 청하는 것이 아니라 잠잘 시간이 되어야 잠을 청한다. 그것은 지금 우리 삶의 모습이기도 하다. 효율과 경제성을 이야기하면서 촘촘하게 구획된 공간과 시간의 망에 서로 다른 욕망과 행위들을 대응시키고, 그러한 대응 속에서만 마음의 평온함을 느끼는 모습. 만일 우리의 그러한 모습이 기차로부터 시작되었다면 지나친 비약일까?

'문화공간'의 탄생과 진화

류동현. 전《월간미술》기자

얼마 전 모 일간지에서 다음과 같은 기사 제목을 봤다. "20세기 서울의 추억들이 사라진다." 과거부터 우리 삶 속에서 함께하던 대장간이나 목욕탕, 선술집 등 재개발로 사라질 위기에 놓인 추억의 장소에 대한 기사였다. 경의선 수색역 근처의 형제 대장간이 올여름을 마지막으로 철거될 운명에 처해 있는가 하면, 아현동 골목의 50년 된 목욕탕인 행화탕이 재개발로 이미 내부 철거 공사 중이며 종로 청진동 피맛골의 맛집들도 대부분 옆의 오피스 건물로 이전했다는 내용을 담고 있었다.

기사에 따르면 최근 뉴타운 혹은 균형발전촉진지구라는 이름으로 재개발 공사가 진행 중인 곳이 35군데인데, 이에 대해 없어지기 전에 기록하는 작업도 이루어지고 있다고 한다. 그나마 다행이지만 급변하는 도시 공간에 대한 아쉬움이 사라지진 않는다. 국토를 쑥대밭으로 만든 1950년대의 6·25 전쟁에서도 살아남아 보존되어 왔던 우리의 근대기 건축, 도시공간이 최근 재개발이라는 미명 아래 오히려 과거보다 더 많이 사라지고 있다. 하루가 다르게 변화하는 도시풍경은 놀라움과 함께 이 안에서 살고 있는 우리로 하여금 피로를 느끼게 한다. 아마 근대기도 그랬을 것이다. 신문명에 익숙한 우리도 이렇게 놀랍고 피곤한데, 당시의 급변하는 세계를 접한 근대인들은 진정한 '컬쳐 쇼크'를 맛보지 않았겠는가? 여기에서는 근대기에 새로이 등장한 '문화'와 그 문화 활동을 지지해준 근대기 문화공간은 어떤 것이 있는지, 그 흐름은 어떠했는지 알아보고 그들이 지금 어떤 위치에 있는지 살펴보고자 한다.

우리에게 근대기는 변혁의 시기였다. 그리고 우리 자체가 이룬 자생적인 변화가 아닌 외부로부터 이루어진 변혁이었다는 데 특징이 있다. 그에 대한 가치 판단은 제쳐놓고라도 우리에게 근대가 어떤 영향을 끼쳤는지 구구절절 얘기할 필요도 없다. 지금 우리가 생활하고 있는 주변을 살펴보는 것만으로도 충분하기 때문일 것이다.

근대기의 문화 또한 외래문물의 영향으로 우리에게 다가왔다. 1900년대 초기부터 20년대를 거치면서 라디오, 축음기, 영사기 등 새로운 물건이 들어오고, 대중들의 호기심을 자극했다. 이와 함께 유희, 오락에 대한 대규모 이벤트들이 조직되면서 전람회, 박람회, 운동회, 영화관, 유람단 등의 구경거리들이 생겨나기 시작했다. 이른바 근대적인 의미의 '문화'가 탄생한 것이다. 이러한 이벤트를 위해 새로운 공간이 필요하게 되었는데, 이들을 바로 근대기 문화공간으로 규정지을 수 있다.

그렇다면 근대기의 문화공간에는 어떤 것이 있을까? 현재와 마찬가지로 먼저 박물관, 미술관을 들 수 있다. 그리고 영화를 상영하는 영화관, 무대 공연이 이루어지는 극장도 꼽을 수 있을 것이다. 근대기에 만들어진 백화점은 상업시설이기도 했지만, 다양한 문화 활동이 이루어졌다는 점에서 근대기 문화공간으로 분류해도 별 무리는 없을 듯하다. 지금도 백화점은 상품만을 판매하는 것이 아니라 쇼 윈도우를 통해 최전선의 다양한 트렌드를 제시하고, 갤러리나 문화센터를 운영함으로써 문화공간의 역할도 하고 있으니 말이다.

1910년대부터 조금씩 이러한 문화를 위한 공간이 지어지기 시작했다. 목적이 형태를 낳는다고, 문화의 성격에 따라 그 공간의 형태에 차이가 있었다. 전시를 위한 공간, 상연, 공연을 위한 공간에 대한 형태가 유입되었다. 이러한 건축은 당시의 시대 상황과 연계되면서 전통양식이 아닌 르네상스, 고딕, 로마네스크 등 서구 건축 사조의 영향을 받은 경우가 많았다. 이는 새로운 양식의 건축공간을 당시 조선에 들어와 있던 서구 건축가가 주도했기 때문이기도 했다.

우리나라 최초의 근대 문화공간으로 꼽을 수 있는 건물은 1915년 9월 11일부터 10월 30일까지 조선총독부 시정 5주년을 기념하는 박람회를 열기 위해 지어진 총독부 박물관이다. 박물관으로는 한국 최초다. 이 박물관을 짓기 위해 경복궁 안의 많은 전각들이 파괴됐는데, 후에 경복궁 전각 복원 계획에 의해 철거되었다. 조선의 고고, 미술, 문예, 그 외 참고자료를 수집하는 조선총독부의 상설 박물관에서 출발해 광복 후에는 학예원으로 사용되다가 전통공예 상설 전시관으로도 사용되었다.

영국인 고문 브라운의 제안으로 지어진 덕수궁 석조전은 본격적인 서양식 궁전 건축물로 중국 상하이에서 활약하고 있던 하딩이 설계해 1900년부터 1910년에 걸쳐 완공됐다. 석조전은 1919년 10월부터 일본의 근대 미술품을 전시했다. 일본의 현대 작가 작품을 비롯해 일본의 상품도 진열했다. 1933년 10월부터 일반인에게 공개되었는데, 광복 후에는 미소공동위원회, 국제연맹 한국위원단 등이 사용했다. 1953년부터 국립박물관으로 사용되었다가 현재는 문화재청의 관리 아래 내부공사 중이다.

위.
총독부 박물관

아래.
덕수궁 내의
이왕가 미술관

석조전에서 일본 미술품을 전시하면서 한국 고미술품의 전시도 계획되었는데, 이를 위해 1936년 8월 새로운 미술관 건립에 착수했다. 8실의 전시실을 중심으로 본격적인 박물관으로서의 기능이 부각된 최초의 건축물이라 할 수 있다. 경복궁 내의 조선총독부 미술관과의 혼동을 피해 이왕가 미술관이라 했다. 이후 이곳은 국립현대미술관으로 사용되었다가 1986년 국립현대미술관의 과천 이전에 따라 현재는 국립현대미술관 덕수궁 미술관이라는 이름으로 근대기 미술 중심의 미술관으로 역할을 하고 있다. 총독부 미술관은 경복궁 내의 명성황후가 시해당한 곳에 지어졌는데, 조선총독부 시정 25주년 기념 박물관이라는 이름으로 현상설계를 통해 당시 일본 내에서 불고 있던 제관양식의 일종으로 지어졌다.

이렇듯 외부인에 의한 미술관, 박물관 건축이 이루어지는 가운데 우리나라 사람에 의한 미술관도 건축되기 시작하였다. 한국 1세대 건축가로 평가되는 박길룡이 지은 보화각 현 간송미술관이다. 당시 미술 컬렉터였던 간송 전형필이 자신의 소장품을 수장하기 위해 박길룡에게 의뢰한 것으로 1938년 완공되었다. 봄가을 정기 전시회에만 공개되는 이 미술관은 당시의 형식을 오롯이 보존하고 있어 전시된 미술문화재 외에도 근대기 문화공간으로서의 가치가 높다.

전문적인 미술관, 박물관 건물 외에도 위에서 언급했듯이 백화점에서도 다양한 문화행사가 열렸다. 당시 근대기 백화점은 이른바 '모던뽀이'나 '모던걸'에게 최신 트렌드를 제공하는 역할을 했는데, 이와 함께 당대 미술 등 다양한 전시회가 열렸다. 현재 신세계백화점 본점은 1930년 경성 미츠코시 백화점으로 지어졌다. 당시에는 르네상스식을 주조로 하는 절충식으로 최신 건축 트렌드를 따랐다. 여러 번 개보수가 이루어졌지만 여전히 국내 주요 백화점으로 사용되고 있다. 이와 함께 1939년에는 경성 조지야 백화점이 남대문에서 소공동으로 나가는 길목 모퉁이에 문을 열었는데, 한때 미도파백화점으로 명성을 날렸다. 현재 그 위치에 롯데백화점 영 플라자가 들어서 있는데, 이 건물의 철거를 두고 보존에 대한 논란이 일기도 했다.

종로 2가에는 화신백화점이 들어섰다. 1937년 지어진 건축물로 한국인 건축가에 의해 지어졌다는 데 그 의미가 컸다. 바로 건축가 박길룡의 대표작으로 종로 네거리의 가각지대를 이용한 세련된 디자인으로 당시 새로운 분위기를 제공했다. 설계는 전창일이, 구조는 김세연이 담당한 건축물로 당시로는 고층에 속하는 7층 철근 콘크리트 건물로 지어졌다. 박길룡은 이 건축물에 대해 잡지에 직접 소개를 했는데, 르네상스 양식을 염두에 두고 설계해 중후함을 표현하고자 했다고 밝혔다. 1987년 철거되었는데, 현재 이 자리는 아르헨티나계 미국인 건축가 라파엘 비놀리가 설계한 종로 타워가 1999년 준공되어 종로의 새로운 랜드마크로 자리 잡았다. "화신백화점은 한국인에 의해 세워진 근대건축의 결정체였다"고 한 건축 전문가의 평도 있듯이 그 자리에 외국인에 의해 세워진 지금의 종로 타워는 과거와 비교해 씁쓸한 감상에 젖게 하기도 한다. 광복을 전후에서는 "오늘은 부민관, 내일은 화신(부민관에서 영화보고 화신백화점에서 쇼핑을 한다)"이라는 말이 유행할 정도로 최고의 백화점으로 명성이 높았다.

근대기에 형성된 새로운 개념의 문화 중 대중들에게 가장 어필한 것은 바로 영화였다. 특히 영화는 1920, 30년대 대중문화 형성에 결정적인 계기를 마련했다고 평가된다. 지금과 마찬가지로 당시에도 영화배우를 꿈꾸던 나이 어린 여성도 많았고, 서양의 영화배우에 대한 관심도 매우 컸다. 스타에 대한 동경은 그때나 지금이나 다름없었던 것이다. 이러한 동경을 실현시켜준 건 바로 극장이었다. 1920년대에는 국내 영화인들이 본격적으로 영화 제작에 나섰는데, 극장 주인들이 제작자로 나서기도 했다. 1920년 취성좌의 김도산 등이 호열자콜레라 예방 선전영화를, 1922년에는 조선극장 주인이 <춘향전>을 제작했다. 이후 프로덕션, 영화제작소 등이 생겨나면서 분업화가 이루어졌다.

1935년 세워진 동양극장은 우리나라 최초의 본격적인 연극 전용 극장이다. 20세기 초에 유행한 국제주의 양식의 전형을 두루 갖춘 건축물 중 하나였다. 648명을 수용하는 객석에, 무대 뒷부분에는 별채를 지어서 소도구실, 분장실 등을 마련했다. 접는 의자와 회전무대가 갖추어져 있었다. '홍도야 우지마라'라는 제목으로 잘 알려진 <사랑에 속고 돈에 울고> 등이 상영됐다.

약초좌는 1935년 세워진 영화 상영 전용 극장이었다. 카와자와 건축사무소에서 설계, 감독한 공간으로 로비 부분을 반원형으로 돌출시켜 내부와 외부의 디자인에 영향을 끼쳤는데, 경쾌하고 모던한 분위기를 자아냈다고 평가된다. 황금좌는 1936년 을

위.
6·25전쟁으로 불에 탄
종로 화신백화점

아래.
인사동 거리에 위치했던
아폴론 극장

위.
단성사의 옛모습

아래.
국도극장

지로에 문을 열었는데, 연극용 극장이었다. 1,128명의 관람석이 있었고 오케스트라 피트까지 마련했다. 1936년 다마타 건축사무소의 설계로 명동에 건축된 명치좌는 관객 1,178명을 수용할 수 있었는데, 각 층에는 로비, 복도, 끽연실 등이 마련되어 있었고, 외관은 후기 르네상스 또는 절충주의적인 분위기를 풍기고 있다. 여러 용도로 사용되다가 올해 6월 새로이 명동 예술극장으로 개관해 본래 목적에 맞는 모습을 되찾았다.

지금까지 살펴본 이들 근대문화공간은 현재까지 유지되는 것도 있고 철거된 것도 있다. 이미 없어진 것은 어쩔 수 없다고 해도 남은 공간에 대한 보존, 유지에 대해서는 고민을 해야 한다. 위에서 언급했듯이 재개발이 해결책은 아니기 때문이다. 조선시대부터 수백 년간 가장 번화했던 종로 거리와 그 바로 옆의 피맛골이 지난 몇 년간의 재개발로 순식간에 사라진 것은 분명 반면교사로 삼아야 할 일이다. 특히 도시공간이란 이른바 사람 손을 오래 타야만 되는 공간이다. 물론 삶의 질이라는 문제에서는 딜레마에 빠지게 되는 것도 사실이다. 얼마 전 피맛골이 사라지는 것이 아쉬워 지인들과 얘기하면서 알게 된 점은 피맛골의 보존 문제가 그렇게 쉽지 않다는 것이다. 이는 그 지역의 소유자와 상인들이 같지 않다는 데서 나오는 문제로, 결국 재산권 문제가 걸림돌이 된다는 것이다. 일견 어쩔 수 없다는 점도 인정한다. 그러나 미래를 생각한다면 좀 더 전향적인 사고가 필요하다. 지난 몇 년간 스카라 극장, 명보극장, 국도극장 등 근대기부터 함께한 여러 대중 극장들이 역사 속으로 사라졌다. 단성사와 피카디리는 극장을 유지하고 있지만 이름만 같을 뿐이다. 이러한 근대문화공간을 보존하는 것은 우리에게 근대적 의미의 문화가 유입되었을 때 그 시대를 함께 겪었다는 점에서 의미가 크다고 할 것이다.

그렇다면 근대문화공간은 어떻게 보존해야 할까. 근대공간을 보존하는 방식에 대해서는 몇 가지 견해가 있다. 이중 하나는 근대공간을 원형 그대로 보존해야 한다는 것이다. 물론 중요하다. 그러나 이는 재산권 행사라는 차원에서 문제가 발생한다. 그래서 얻은 결과가 오히려 허물고 재개발로 연결되는 현재의 모습이다. 만약 원형을 보존해야 할 정도로 중요한 공간이라면 국가나 내셔널 트러스트 운동에 의한 지원이 방법이 될 것이다. 그러나 이 또한 자연스러운 공간의 진화가 아니다. 강제적인 보존일 뿐이다. 이 공간은 사람이 함께하지 않는 죽은 공간이 될 것이다.

또 다른 방법으로 근대공간에 대한 현대적 변용을 들 수 있다. 외관과 주변 공간은 최대한 그대로 살리고 내부는 현대의 삶에 맞추어 리모델링하는 것이다. 이러한 경우에는 도시의 공간과 역사성을 유지하면서 내부는 시대에 맞추어 쾌적한 환경을 만들어낼 수 있는 장점이 있다. 공간이 사람과 함께할 수 있는 것이다. 이에 대한 하나의 해답이 바로 재개관한 '명동 예술극장'일 것이다. 이 건물은 위에서 언급한 바로 그 명치좌가 보존, 보수 작업을 거쳐 새로이 개관한 것이다. 당시는 영화관으로 사용되었지만 광복 후 1961년까지는 시市 공관으로 활용되었고, 이후 1967년부터 1975년까지 예술극장으로 사용되었다. 1975년부

명동 옛 국립극장이 있던
명동거리

터 2003년까지 사설 금융기관이 매입해 다행히 헐지 않고 외관 그대로 사용하다가 2003년 문화관광부가 매입해 새로이, 아니 다시 예술극장으로 복원한 것이다.

이 복원 사업의 기본 원칙은 "외관은 보존하되, 내부를 공연장으로 리모델링한다"는 것이었다. 이렇듯 외관의 보존을 통해 주변 환경과의 연계성을 놓지 않고 내부는 현대에 맞게 바꾼다면 근대문화공간도 충분히 경쟁력을 가질 수 있고 그 의미 또한 상당할 것이다. 개인이 소유했던 근대문화공간은 거의 다 사라져 아쉬움을 주고 있지만 관 주도의 근대문화공간은 그나마 그러한 콘셉트로 유지 보수되고 있어 다행이다. 국립현대미술관 덕수궁 미술관이나 올해 초 결정된 기무사 부지의 국립현대미술관 서울관 등은 근대 건축물이나 공간을 다시 재활용한다는 데 의미가 남다르다고 할 수 있다.

역사는 결코 단절되지 않는다. 비록 전근대에서 근대, 근대에서 현대, 심지어 '하이퍼 스페이스'를 넘나드는 커다란 변화를 겪으면서 단절된다고 생각할 수 있지만, 우리 주변의 도시공간은 역사 속에서 우리와 함께 숨 쉬어 왔다. 물론 이렇게 유지된 근대의 문화공간이 과거 지향적이 되어서는 안 될 것이다. 그 공간을 언제나 새로운 프로그램으로 채워넣어야 할 것이다. 이런 과정을 통해 과거와 현재가 상생하는 진정한 '온고이지신溫故而知新'의 문화를 만들어낼 수 있을 것이다. 근대의 문화공간이 지금까지 버틴 존재 이유는 바로 여기에 있다.

사서삼경을 다락방에 처박고 시체를 해부하다

이승원, 한양대학교 비교역사문화연구소 HK 연구교수

1876년 개항 이후, 고종은 이런저런 이유로 몇 차례에 걸쳐 일본에 수신사를 보냈다. 천생 주자학을 신봉하는 유학자였던 수신사들에게 일본은 여전히 '야만의 나라'였다. 물론 고종이 일본의 근대화 정도를 시찰하라고 보낸 조사시찰단의 일원들은 조금 달랐지만 말이다. 조사시찰단보다 앞서 일본을 방문한 제1차 수신사 김기수에게도 일본은 오랑캐의 나라였다. 김기수는 사행을 떠나기 전부터 주변의 지인들로부터 수많은 충고를 들었다. 대부분 김기수의 일신을 걱정하고 염려하는 마음에서 나온 소리였다. 어떤 사람은 '왜인'은 서양의 앞잡이며, 귀신이면서 창귀이고, 또한 적賊이면서 간첩이니 거듭 조심하라고 김기수에게 당부했다. 김기수는 알았다고 했다.

서구의 근대문명을 이식한 일본은 빠르게 변화하고 있었다. 일본에 도착한 김기수는 그동안 자신이 믿어왔던 일본과 판이한 모습의 일본을 보면서 큰 충격에 빠진다. 그도 그럴 것이 김기수가 숙지한 일본에 대한 정보는 18세기 후반의 정보였다. 일본의 빠른 성장 앞에서 김기수는 아찔했다. 기차, 전신, 전기, 박물관, 박람회, 공원, 증기선 등은 조선에는 '없는' 것들이었고, 난생 처음 본 서구문명의 이기 앞에 수신사 김기수는 당황했다. 그러나 김기수는 이러한 당혹감을 유학자답게 일본은 기기음교奇技淫巧로 가득한 세상이라고 냉소하는 방식으로 떨쳐냈다.

조선에서는 보지도 듣지도 못했던 문명의 이기들을 직접 시찰하면서 당혹감을 감추지 못했던 김기수는 일본의 근대식 학교를 방문한다. 김기수는 내심 기대했다. '학교'만은 조선에도 존재했기 때문이었다. 교육이야 그리 다를 수 있겠느냐고 생각했던 것이다. 그러나 일본의 학교는 김기수가 생각한 조선식 학교와는 판이하게 달랐다. 김기수는 일본의 학풍이 서구와 교통한 후에 전적으로 부국강병의 술책만 숭상하고, 경서문자經書文字는 아무 데도 쓸모없는 물건으로 다락방에 처박아두었다고 한탄했다. 실용적인 학문만을 숭상하는 일본의 교육풍토에 대한 김기수의 불편한 감정은 쉽게 사라지지 않았다. 갑신정변 직후 봉명사신 서상우를 따라 일본에 갔던 박대양도 김기수와 비슷한 감정을 느꼈다.

> "의학교醫學校에 이르니, 촉루해골이 실내에 가득하여 더러운 냄새가 사람으로 하여금 구역이 나게 하였고 시렁 위의 유리 항아리 속에는 사람의 장부를 많이 담아 약물로 담아서 썩지 않게 하였다. 또 한 곳에 이르니, 금방 죽은 사람을 칼로 껍질을 제거하고, 살을 베어내고, 사지를 분해하고 있었다. 귀로도 차마 들을 수도 없는 일인데 눈으로 어찌 차마 볼 수 있겠는가 (중략) 대개 서양의 풍속은 사람에게 난치의 병이 있어서 사경死境에 임하게 되면, 장차 죽을 사람이 그 아들에게 시체를 의원에 기탁하여 껍질을 벗기고 뼈를 쪼개어 그 병이 생긴 곳을 찾아서 뒷사람들에게 혜택을 끼치게 할 것을 부탁한다. 남의 아들 된 자가 만약 차마 그 어버이를 두 번 죽음하게 할 수 없어서 그의 뜻을 준수하지 않으면, 그를 불효로 보아 배척하고 상대를 해주지 않는다고 한다. 오늘날 사람들이 그 법을 몹시 사모하여 죽은 뼈도 또한 매도하는 데 이르렀으니, 어질지 않음이 더할 수 없다. 어찌 인륜을 들어 주책誅責할 수 있겠는가."

박대양, 「동사만록」, pp. 441~442.

조선의 사신들에게 서구의 대표적인 학문인 의학은 충격적이었다. 이는 그동안 자신들이 신봉했던 주자학적 질서와 위반되는 것이었다. 주자학을 신봉하는 유학자들에게 신체 훼손은 감히 상상할 수조차 없는 일이었다. 때문에 사신들은 인륜보다 과학과 실용을 존중하는 일본의 교육 시스템에 대한 거부감을 감추지 않았다. 조선의 사신들이 일본의 근대 교육제도를 시찰하면서 가장 곤혹스러웠던 것은 그들이 주자학을 숭상하지 않는 것이었다. 수신사들에게 있어서 주자학은 자신들의 고결함을 보증하는 교양에 가까웠으며, 또한 자신들의 삶을 추동하는 원동력이자 세계를 판단하는 척도였다. 그런데 수신사들이 견학한 일본의 근대식 학교들은 경학에 무게 중심을 두기보다는 서구의 실용적 학문에 무게를 두고 학생들을 집중적으로 교육시켰던 것이다. 그렇지만 조선 사신들의 마음을 사로잡은 일본의 교육제도도 있었다. 그것은 남녀나 신분차별을 두지 않는 '의무교육'이었다. 일본은 1880년 개정된 교육령을 발표했다. 이 교육령에 따라 교육 과정을 초등과 3년, 중등과 3년, 고등과 2년의 과정으로 바꾸었으며, 초등과는 의무교육을 실시하고 있었던 것이다. 누구나 다 공평하게 교육을 받는 일본의 교육제도에 대해서는 대다수의 사신들이 긍정적으로 받아들였다.

선교사의 힘으로 근대식 사학이 성립되다

몇 차례의 사신이 일본을 왕래하고 시찰했지만, 1895년 이전까지 조선 정부는 공식적으로는 서구식 근대 교육제도의 도입을 공포하지 않았다. 1885년 선교사 아펜젤러가 근대식 학교를 설립했다. 선교사들은 의료선교와 교육선교를 발판으로 조선에서 그 영향력을 확대해가고 있었다. 미국의 감리교 목사였던 아펜젤러는 의료선교를 수행하고 있었던 스크랜튼의 집을 빌려 교실을 마련하고 학생들을 받았다. 학교 이름도 없었다. 두 명의 학생으로 출발했던 이 학교에 훗날 고종은 '배재학당'이란 학교명을 하사했다. 배재학당뿐만 아니라 1886년에는 스크랜튼 부인이 여학당을 설립했으며 1887년 명성황후는 '이화학당'이란 학교명을 하사했다.

배재학당은 학생들에게 공책과 연필, 그리고 점심값을 지불하며 선교교육의 의무를 다했다. 배재학당은 날로 번성하였다. 1887년에는 르네상스식 벽돌건물로 학교를 신축했다. 기숙사도 마련했다. 선교사들에 의해서 설립된 근대식 사학은 점점 그 수가 늘어났다. 조선의 근대식 교육은 자발적이라기보다는 선교사들의 교육선교 사업의 일환에 힘입어 본격적으로 시작될 수 있었던 것이다.

배재학당은 서구식 건물로 학교를 신축하고, 강의실을 만들고, 교탁과 책상을 들여놓고, 영어와 성서와 교련과 수학 등의 과목을 학생들에게 가르쳤다. 배재학당의 교육목표는 영어 교육과 구습타파(상투 자르기 등)와 기독교 전파였다. 영어와 기독교는 서구문명을 조선으로 유입하는 수로水路였다. 학생들은 학교라는 근대식 공간 속에서 주자학적 인간이 아닌, 기독교적인 인간으로 훈육되었다. 노름과 도박을 하거나 음란한 책을 보는 행위는 처벌을 받았다. 조선의 전통과 문화는 대부분 구시대적 산물로 배척받았고, 서구적인 가치야말로 지고지순한 것으로 추종되었다.

하지만 아직까지 지금과 같은 운동장도 없었고, 교가校歌도 제정되지 않았다. 한 학교의 상징이라고 할 수 있는 교가가 없는 상태에서 배재학당 학생들은 방학식 같은 때에 다음과 같은 노래를 부르며 애국심을 고양했다.

> 일. 성자 신손 오백 년은 우리 황실이요
> 산고 수려 동반도는 우리 본국일세
> 이. 애국하는 열심의기 북악같이 높고
> 충군하는 일편단심 동해같이 깊어
> 삼. 천만 인 오직 한마음 나라 사랑하여
> 사농공상 귀천 없이 직분만 다하세
> 사. 우리나라 황제 황천이 도으샤
> 군민 공락 만만세에 태평 독립하세
> 후렴. 무궁화 삼천리 화려강산
> 대한사람 대한으로 길이 보전하세

무궁화가, 《독립신문》, 1899. 6. 29.

선교사들은 기독교의 복음과 서구의 계몽사상을 학교라는 공간을 통해서 조선인들에게 전파했으며 그 이면에는 서구 중심주의적 우월감이 잠복하고 있었다. 조선(인)은 '무지'하고 '몽매'하고 '야만적'이기 때문에 계몽시켜야 한다는 선교사적 사명이 바로 그것이었다.

벽돌조와 화강암 구조가
남아 있는 배재학당
역사박물관 외관

동숭동 경성제국대학

서구의 실용학문이 조선을 풍미하다

일본의 교육제도를 시찰한 사신들의 의견은 분분했다. 일본의 근대식 교육을 오랑캐의 교육이라고 매도하는 사람도 있었지만, 반대로 일본의 교육제도를 본받아야 한다는 사람도 있었다. 일본이 수용한 서구의 교육제도야말로 조선의 근대 계몽, 더 나아가 조선도 서구처럼 부국강병한 나라로 거듭날 수 있는 기회라고 생각하는 지식인들이 등장하기 시작한 것이다.

마침내 1895년, 조선에도 공식적으로 근대적인 교육 시스템이 도입되기에 이른다. 일명 '교육조서'라 불리는 조칙의 반포였다. 고종의 교육조서는 조선의 근대 교육제도 성립의 출발점이다. 고종이 반포한 교육조서의 핵심은 '덕德, 체體, 지智'였다. '덕'의 함양은 삼강오륜을 지키는 것이고, '체'는 상도常道를 기반으로 하여 위생에 힘써야 되는 것이며, '지'는 사물의 이치를 궁구하되 자신의 사리사욕을 채우는 것이 아니라 공중의 이익을 위한 것이어야 했다.

고종이 반포한 교육조서의 핵심은 유교적 전통인 삼강오륜을 기본으로 서구식 교육을 접목하는 것이었다. 또한 교육조서에 따르면, 현시대가 요청하는 교육이란 옛사람들의 찌꺼기만 주워 모아 글솜씨만을 자랑하는 허명을 배척하고, 국가의 부강과 독립주권과 왕실의 안정과 공공의 이익에 부합하는 실용적인 학문을 취하는 것이었다.

이러한 고종의 발언은 유길준의 생각과 같았다. 유길준은 "옛 사람의 찌꺼기를 주워 모으기만 하고 실용적인 효과가 없다면, 비록 공부했다고 하지만 실제로는 아니다, 도리어 인간에게 해를 끼칠 수 있기 때문에 실용을 주로 하는 학문이 인생의 대도"라고 하여 실용적 학문을 중시했다. 고종은 교육이야말로 국가를 보전하는 근본으로 생각했고, 그 교육의 주체는 신민ER이었다. 이제 교육의 주체가 지식인들이나 특정한 계층에 한정된 것이 아니라 조선의 모든 인민들에게까지 법적으로 확대되었다. 그런데 조선의 유교적 전통은 '위민정치'의 실현에 있었다. 이때 인민은 국가 운영의 주체라기보다는 타자에 가까웠고, 수동적 위치에 존재했다. 이제 교육조서를 통해 국가의 정치제도를 닦아나가는 것도 오직 그대 신민이라는 것이 공식화되면서, 지금껏 자신들의 정치적 목소리를 내지 못하고 주변부에서 맴돌았던 모든 인민들은 정치적 공론의 장으로 호출되기에 이른다. 이는 한편으로는 인민들의 권위가 향상되었음을 뜻하지만, 다른 한편으로는 인민들의 모든 열정이 공공의 영역인 국가의 부강과 왕조의 안정을 위해 투사되어야 함을 뜻한다. 따라서 언뜻 보기에는 계층과 계급에 차별을 두지 않는 평등한 교육의 실현을 위한 조칙처럼 보이지만 다시금 곱씹어 보면 근대식 교육의 목표의 방점은 '국가'와 '왕실'에 있는 것이었다. 고종의 교육조서를 반영하기라도 하듯이 근대 전환기 조선 유학생들의 가장 급선무도 실용적인 학문을 습득하는 일이었다.

> 타국에 가는 생도가 다만 그 나라 말마디나 배우고 오는 것은 공사에 무익하며, 또 본국에 시급히 쓸 재주를 공부하지 않으면 오활하니, 소위 정치학이니 만국공법이니 하는 학문은

이름은 좋으나 대한에 시급히 쓸데없으니 돈 허비할 것 없고 우선 경무警務, 사범師範, 육군, 교련과 군제軍制, 의술, 법률, 우체, 측량, 광산, 농공 등 민국에 가장 급한 일만 먼저 힘써 배우는 일이 적당하겠도다.

「외국 유학생도」,《독립신문》, 1899. 1. 20.

근대 초기 조선의 사신들이 그렇게 비판했던 실용적 학문의 배양이 이제 국가의 백년대계를 건설하기 위한 중요한 학문으로 부각되었다. 여기에는 기존의 교육인 사서삼경이 끼어들 틈이 존재하지 않는다. 근대 초기에 주창되었던 만국공법萬國公法, 일종의 국제법보다 실용적 학문을 더 우위에 두고 있는 위의 주장은 철저하게 '부국강병'의 회로 속에서 작동한다.

고종의 교육조서가 반포된 이후 관립소학교, 관립사범학교, 법관양성소, 문관학교 등이 잇따라 설립되었다. 모두 실용적인 학문 교육을 위한 기관이었다. 근대식 학교에 걸맞은 교육을 위해서는 학생들을 위한 교과서를 편찬하는 것이 시급한 문제였다. 이에 당시의 외부대신 김윤식이 주일공사관 사무서리 한영원에게 명령하여 일본 심상사범학교와 고등사범학교의 교과서 및 참고서 1부를 구하여 조선으로 보낼 것을 지시하기에 이른다. 일본의 교과서를 모델로 하여 조선의 근대식 교과서를 만들기 위해서였던 것이다.

서당은 점점 구시대의 산물로 사라지고, 근대식 '학교'는 조선의 근대화를 위한 상징적 공간으로 부상해가고 있었다. 근대적 문물이 일상적으로 유통되는 시공간의 중심에는 언제나 '학교'가 자리 잡고 있었다. 정치, 상업, 농업, 사법, 군사 등의 모든 분야가 근대적 학교 교육의 프리즘을 통과하기에 이른다. 또한 근대식 학교 교육의 그물을 통과한 사회의 제반 분야는 '문명'의 이름으로 새롭게 탄생하였다.

고종의 교육조서 반포 이후 관립학교뿐 아니라 사립학교도 우후죽순처럼 설립되었다. 바야흐로 근대식 학교의 전성시대를 맞이하게 된다. 민영환에 의해 설립된 최초의 사립학교인 흥화학교가 1895년에 개교하였고, 선교사 아펜젤러가 배재학당을 세웠을 당시만 해도 단 두 명에 지나지 않았던 학생 수는 이제 200여 명으로 증가했다. 물론 이는 고종이 서구학문의 중요성을 깨닫고 위탁 교육을 시킨 결과였다. 이후 전국적으로 약 3,000여 개의 학교가 엄청난 속도로 신설된다. 정부에 학교 인가를 청원한 사립학교 또한 약 2,000여 곳에 달했다. 이제 근대식 학교는 서구로부터 유입된 각종 문화와 풍속, 그리고 제도들이 조선적 전통과 일대 대결을 벌이는 격전지로 변한다. 학교를 통해 기독교가 전파되고, 근대식 스포츠와 놀이문화가 양산되고, 새로운 연애관과 결혼관이 성립되었으며, 서구식 제도들이 일상화되기에 이르렀던 것이다. 말하자면 학교는 근대적 '국민'을 '길러내기' 위한 최첨단 공간이 되었다.

당대의 계몽 지식인들이 조선의 '소년소녀들'에게 바랐던 것은 계몽된 '학생'으로 거듭나라는 것이었다. 계몽된 학생이란 자신의 모든 열정을 국가에 헌납하는 학생이었으며 그 학생들이 대결해야 할 것은 서구인들이 '야만'으로 부르는 조선의 모든 구습이었다. 그러나 근대 초기 학교 교육은 조선의 '소년소녀들'에게 진정 자신의 꿈이 무엇이냐고 물어보지는 않았던 것 같다. 문명화를 통한 부국강병의 목표에 너무나 집착했기 때문에.

공간의 확대와 분절,
근대의 종교건축

김정신. 단국대학교 건축학과 교수

우리나라의 전통건축 문화에 뚜렷한 변화의 징후가 나타난 것은 19세기 후반이다. 개항 이후 외래의 건축 문화가 본격적으로 유입되었으며 그 과정에서 전통사회에서 전혀 경험해보지 못한 새로운 유형의 공간이 등장하였는데, 그중에서도 교회건축의 충격과 영향이 가장 뚜렷했다.

교회건축은 일본을 통하지 않고 비교적 순수한 형태로 직접 들어왔다는 점에서 의미가 있다. 선교단체의 선교이념과 문화적 배경, 그리고 도시와 농촌의 차이가 건축양식에 큰 영향을 주었지만 개화기와 일제강점기 전반의 교회건축은 비고딕적 구조에도 불구하고 회색 이형 벽돌과 목조 보울트 천장, 내부공간의 분절과 통일성이라는 서양 중세 교회의 건축 이념에 충실했으며, 학교건축에도 일부 수용되었다.

한옥교회는 초기에는 순수 한옥이었으나 1900년대에 들어서면 기존 한옥의 간벽間壁을 벽돌로 교체하고 높은 벽돌로 종탑을 증축하는 등의 과정을 거쳐 한·양 절충식 교회건축으로 전개되었는데 크게 세 갈래의 전개 양상으로 볼 수 있다.

첫째는 한옥교회 건축의 자생적 변화 과정에서 나타난 유형이다. 평면과 구조는 전통 목구조에 기와지붕인데 건물 입구 위에 위치하는 삼각형 모양의 박공벽, 또는 방과 방 사이를 구분하는 간벽을 벽돌로 하거나 유리를 끼운 서양식 창호를 설치한 경우이다. 개항기와 일제강점기의 성공회 성당건축과 초기의 천주교 및 개신교 교회건축에서 볼 수 있다. 구조 체계가 나무이기

성공회 서울대성당

때문에 규모 확장에 한계는 있었으나 하나의 공간이 세 개의 복도로 나뉜 삼랑식 내부공간을 구성해서 그리스도교 전례를 수용하는 데 있어 기능이나 상징성에 부족함이 없었다.

두 번째는 서양식 벽돌을 쌓아 올려 벽을 만드는 조적 구조에 한식기와 지붕을 올린 경우이다. 벽돌의 대량생산과 중국의 중·서 절충식 교회건축의 영향으로 "건물은 토착적인 것이어야 하고 지역 교회가 능히 꾸밀 수 있는 양식으로 지어야 한다"는 초기 개신교의 네비어스Nevius 선교방법을 채택하였다. 돌이나 벽돌로 쌓아올린 만큼 규모를 크고 높게 할 수 있었고 내부의 공간 구성과 무관하게 외벽, 버팀벽으로 공간을 분할하였다. 드물게 내부에 줄기둥(열주)을 두기도 하였지만 대체적으로 기둥이 없는 강당형으로 지붕 골조는 목조 트러스, 또는 가구식架構式과 트러스를 절충한 구조를 채용하였다. 지붕은 한식기와를 고수했으나 처마 돌출이 짧고 처마 곡선이 중국과 서양의 건축요소들을 절충하였다.

세 번째는 돌이나 벽돌을 쌓아올려 벽을 만드는 조적조와 목구조, 드물게 콘크리트조를 혼합하거나 벽돌 조적조 종탑을 덧붙이는 등의 복합유형이다. 외관과 내부공간, 구조를 별개로 취급했으며 토착화의 이미지를 외형에서 추구하였다. 일제강점기 말과 1960년대에 나타난다.

신앙의 자유가 먼저 확보된 대도시와 개항지에서는 프랑스 신부들의 주도하에 중세양식의 벽돌로 쌓아 올린 성당건축이 전개되었다. 박해가 지나고 나서 들어온 개신교는 청교도적인 성실한 삶과 경건주의 신앙을 특색으로 하며, 의료사업과 교육사업, 네비우스 선교정책, 대부흥 운동과 3·1운동 등을 통해 급속한 성장을 하였다.

당시 우리나라에 지어진 서양식 건축물은 대부분 르네상스 양식이었으나 교회건축의 경우 고딕양식을 추구했다. 원래 고딕양식은 구조와 재료, 의장과 건축 체계가 합치된 중세의 가장 완성된 석조건축 양식이었으나 당시의 한국 사정으로 벽돌로 된 일련의 잔류고딕 또는 유사고딕 형태를 띠었으며 로마네스크 양식에 머문 것도 많았다.

한국 최초의 서양식 교회건축인 약현성당(1892, 사적 252)은 이후 한국 성당건축의 모델이 되었다. 명동성당을 설계한 프랑스인 코스트 신부가 설계, 감독해 지었으며 좌우 기둥에 의해 세 개의 긴 공간으로 뚜렷이 구별되는 삼랑식三廊式 평면 구성의 라틴 십자가형 건물이었다. 이 건물은 로마네스크 양식과 고딕양식이 뒤섞인 건물이다.

이보다 6년 후에 완공된 명동성당은 고딕구조에 훨씬 가까운 본격적인 서양식 성당이다. 전형적인 라틴 십자가 형식의 평면으로 회중석과 측랑은 물론 십자날개의 익랑과 회랑이 뚜렷하게 자리 잡고 있다. 본격적인 광창clearstory과 공중회랑triforium이 있으며, 비록 목조로 되었지만 리브 보울트rib vault의 천장 구조가 명확히 드러나서, 색유리로 들어오는 빛과 분절된 곡면천장에서 울려 퍼지는 음의 효과와 함께 훌륭한 내부공간을 전해준다. 주요 서양식 성당건축으로 명동성당에 이어 계산동성당(1902, 사적 290), 풍수원성당(1907, 강원 유형 69), 전동성당(1914, 사적 288), 공세리성당(1921, 충남기념물 144) 등이 있으나 세월이 갈수록 점차 소규모화, 간략화되고, 절충 변용되어 나갔다.

한편 미국 복음주의 교단의 선교가 주류를 이뤘던 개신교는 이들의 교회건축의 영향을 받아 고딕 복고 또는 로마네스크 복고 양식의 교회건축을 수용했으며, 대부분 내부공간의 분절이 없는 단순한 강당형이었다. 개신교의 첫 번째 서양식 교회당인 정동감리교회(1898, 사적 256)는 고딕양식을 단순화시킨 벽돌건물이며, 상동감리교회(1901)는 팔각형의 높은 탑을 가졌었고, 승동교회(1901)는 십자형 로마네스크풍 건물이었다.

성공회는 개항기는 물론이고 일제강점기, 광복 후 1950년대까지 한옥성당이 일관되게 나타난다. 외래종교인 그리스도교 건축의 토착화의 상징인 강화성당(1900), 완벽한 바실리카식 한옥성당이 건립됨으로써 이후 성공회성당의 모범이 되었기 때문이다. 한편 로마네스크 양식의 서울대성당(1926, 서울 유형 35)은 서양 양식 건축의 정수를 보여주었다. 이 성당은 영국 왕립건축가학회 회원인 아서 딕슨Arthur Dixon이 설계했는데 평면은 라틴 십자형 삼랑식으로 경사진 대지를 잘 이용해 지면과 동일한 레벨에 지하 소성당crypt을 두고 있다. 화강석과 붉은 벽돌로 외벽을 구성하고, 지붕은 기와를 올렸으며 교차부 상부의 중앙탑과

위.
약현성당 외부 모습

아래.
로마네스크 양식과
고딕 양식이 뒤섞인
약현성당의 문

승동교회
정동감리교회

명동성당 외부 모습과
내부 모습

인접한 작은 종탑, 그리고 각 날개의 단부모서리의 버팀벽을 강조한 소탑 8개가 중앙탑을 중심으로 좋은 위계성을 보여주고 있다. 내부공간은 7칸의 회중석과 교차부, 성단, 그리고 배랑으로 구성되어 있으며 엔타시스를 가진 화강석 열주와 목조 트러스천장, 반구형 돔과 모자이크가 양식의 완성도와 아름다움을 더해주고 있다. 이 건물은 전형적인 앵글로 노르만 양식의 건물이지만 매스의 위계적인 조합과 함께 처마 장식, 창살문양, 기와지붕 등 한국 전통건축의 요소를 섞어씀으로써 한국적 스케일과 풍토에 잘 어울린다.

이러한 교회건축이 한국의 근대건축에 끼친 영향을 살펴볼 때 가장 먼저 눈에 띄는 것은 공간 인식의 변화라 할 수 있다. 한국의 전통 목조건축은 건물의 용도와 상관없이 유사한 내부공간 형태를 가진다. 궁궐이나 관청, 사찰건축도 규모나 장식을 제외하면 일반 주택과 그 형태와 구성방식이 똑같다. 반면 서양건축은 용도에 따라 내부공간 형태가 다르다. 기능뿐 아니라 내부공간에서 우주 질서의 관념을 표현했기 때문이다. 특히 그리스도교 교회건축은 세속적인 건축과 완전히 구별되는 독특한 종교건축 형식을 발전시켜왔다. 또한 한국의 전통목조건축은 양의 확대가 아니라 채의 증가로 내부공간의 규모를 증가시켜 왔다. 반면 서양의 조적조 건축은 건물의 수직적 확대가 보편화되었을 뿐 아니라 평면적인 확대도 가능하였다. 결과적으로 하나의 괴체를 중심으로 형성된 서양건축은 내부공간이 발달하였고 단일 건물로 요구 기능을 충족시켰다.

이러한 중세 양식의 교회건축은 우리에게는 매우 낯선 것이었고, 높고 깊은 내부공간은 경이를 넘어서 충격을 주었다. 건물의 박공면과 지붕 경사면의 축이 한옥과 반대로 된 교회건축은 내부공간의 깊이감과 장축성, 방향성, 투시성을 가지고 있어 중성적인 전통건축의 내부공간에 비해 상징성과 다양한 성격을 부여했다. 이러한 교회건축을 통해 건축 내부공간의 형태에 대한 의식이 싹트기 시작했으며, 내부공간의 다양한 분절화가 주거건축에까지 등장하기 시작했다.

명륜동 일본식 목조주택에 관한 기억과 생각

이병종. 연세대학교 산업디자인학과 교수

> "사람들은 '역사가 자신의 존재가 붕괴되어 가고 있다는
> 사실을 상기시킬지 모른다'라는 불안 때문에(붕괴
> 자체가 역사의 추방 속에서 생겨나겠지만) 자신에게서나
> 타인에게서나 역사를 추방하려 든다."

테오도르 아도르노 / 막스 호르크하이머, 『계몽의 변증법』

나는 한국의 현대 소비사회에서 디자인과 관련되어 나타나는 수많은 난해한 현상들을 접하면서 어떻게 설명할 수 있을까를 고민해왔다. 그 과정에서 문제의 중심이 우리의 '모더니티'[1]에 있다는 것을 발견했다. 현재 우리의 모더니티는 약 100년 전 개화기에 '문명개화文明開化'를 부르짖었던 계몽운동에서 시작되어 오늘날에 이르고 있다. 그 모더니티가 발현된 현상 중의 한 단면인 우리의 근대近代, 근대성近代性은 엄밀히 말해 무엇이며 현대現代, 현대성現代性과는 어떻게 다른가 하는 것이다. 근대, 현대 등을 비롯해서 오늘날 우리가 사용하고 있는 지식용어의 대부분이 개화기에 서양의 것을 한자로 번역한 일본의 말을 받아들여 그대로 사용해온 것들이다. 그중에서 특히 나의 직업활동과 직접 관계되는 과학, 미술, 건축, 공학, 설계 등의 용어는 그 뜻에 대한 정확한 이해 없이 혼용되고 있는 말에 속한다.[2]

그와 같은 문제들은 개화기에 민족화를 바탕으로 시작된 '문명개화' 계몽운동[3]에서 비롯된 것이고, 그로부터 현재까지의 전개과정과 그 반영된 모습을 제대로 이해해야만 오늘날의 문제들을 정확히 짚어낼 수 있다. 그래서 나는 최근 활발히 연구되고

있는 한국 종족민족주의의 기원과 그 전개 과정에 관련된 글들을 접하면서 우리의 모더니티와 디자인의 문제를 설명할 수 있는 실마리를 찾고 있다. 그러나 지난 백 년간의 그 전개 과정은 다양한 양상으로 복잡하게 얽혀 있고, 과학에 대한 관심이 디자인 기술자로서 기술 개발을 위한 기초를 다지는 정도에 그치는 나로서는 그 복잡한 관계의 실마리들을 아직 제대로 풀어내지 못하고 있기에, 한국의 근대/근대건축에 관련된 개념을 직접 다룰 만한 능력이 부족한 상태이다. 그래서 주거와 관련된 우리 모더니티의 한 단면을 보여주는 현상으로서 명륜동의 일본식 목조주택 복구 작업과 관련된 개인의 기억과 생각을 전하는 것으로 대신하고자 한다.[4]

1936년 건축된 일본식 목조주택 복구 작업
2007년 12월~2008년 6월

나는 1996년부터 2002년까지 대전에서 살았고, 2003년부터 지금까지 원주에서 살고 있다. 그러나 지방에서의 전문 직업/경제 활동은 서울과의 연계에 전적으로 종속되어 있기에, 나나 내 아내나 모두 서울에 거처가 필요했다. 나에게 집은 기초적인 생존을 위해 주거 문제를 해결함과 동시에 일상생활을 구성하는 공간이다. 그러나 아파트는 인간의 물리적, 생리적 생존이라는 단편적인 주거 문제에만 초점을 맞춰 주거공간을 기계론적으로 동질화시킴으로써 인간의 일상생활 또한 획일화시키기 때문에, 나는 아파트가 아닌 '집'을 원했다. 그러던 중에 아버지가 돌아가셨고, 나는 그분을 기억하는 장소인 명륜동에서 집을 찾았다.[5] 그 집은 오랫동안 방치되어 있던 일본식 가옥이었는데, 내게는 오늘날 거의 자취를 감추다시피 한 '집'의 전형으로 보였다.

그 집은 1936년에 지어져 1937년에 등록된 일본식 목조주택이다. 조선 중기 이래로 20만 명을 유지하던 서울 인구는 1920년대 일본 이주민이 대규모로 유입되면서 30만 명으로 늘어났고, 그 집이 지어질 때는 70만 명으로 급증했다. 1960년대에 온돌이 깔리는 등의 대폭적인 개보수가 있었으며, 1980년대에 가스보일러 등의 난방시설이 마구잡이로 설치되면서 집 내부가 많이 손상되었다. 장기간의 방치로 인해 비가 샌 천장과 외벽의 창틀은 썩어 있었다. 그럼에도 불구하고 그간의 세월을 견디며 남아 있던 목재들이 발산하는 정감 어린 원숙한 빛깔은 너무도 매력적이었다. 그래서 옛 가옥을 훼손하지 않고 보전하면서 현대적인 편리한 삶이 가능한 '집'의 전형으로 복구하고자 다음과 같이 복구 방향을 결정했다.

- 가옥에 남아 있던 모든 것들을 그대로 보존
- 1936년 집의 원형은 현 상태로 유지하되, 파손된 것은 최대한 원형을 보존시키며 복구
- 외부에 단열 벽과 샤시창을 덧대고 남쪽과 북쪽에 단열을 위한 댐퍼 공간 설치
- 현 상태의 통풍구조 유지, 외부 단열 설치물은 현 통풍구조에 지장이 없도록 고려
- 기존 지붕 유지와 누수 차단을 위한 2중 추가
- 지붕 및 처마 덧대기
- 실내공간이 갖고 있는 생활방식의 원형을 최대한 유지하는 방향으로 실내공간 복구
- 남겨진 실내용품들은 가능한 한 계속 사용할 수 있도록 복구
- 수도와 전기시설은 집이 간직한 세월의 흔적과 조화를 이룸으로써 실내의 현 상태를 보존할 수 있도록 설치

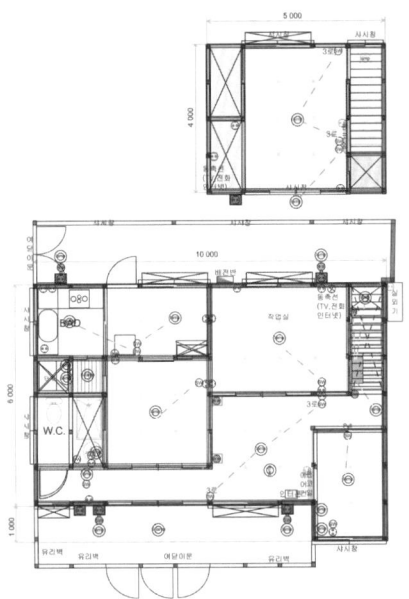

2007년 11월 복구 전의
외부 모습과
복구 계획 평면도

그리고 복구작업 계획을 위해 실측을 하면서, 일본 목조건축에 문외한이었던 나는 새로운 사실들을 발견하면서 크게 놀랐다. 목조기둥의 두께는 10×10센티미터의 규격으로 단정하게 제작되어 있었고, 그 긴 세월 동안 뒤틀림 없이 원상태를 그대로 유지하고 있었을 뿐 아니라, 집은 기둥과 기둥 중심 간의 거리 약 1미터의 격자구조로 지어져 있었다. 또한 그 격자구조는 수직으로도 동일하게 적용되어, 문 높이는 문틀을 포함해서 내측 180센티미터, 그리고 천장고는 270센티미터를 이루고 있었다. 그것은 바로 합리적으로 규격화된 수리체계에 의해 구축된 공간이었다. 거기서 C. R. 메킨토시를 비롯한 20세기 초 서구의 모던 디자인 엘리트들이 왜 그토록 열광하며 일본 전통건축을 모범으로 삼았는지, 그리고 타우트 형제가 일본 건축을 배우기 위해 몇 차례에 걸쳐 일본을 방문했던 이유를 이해할 수 있었다. 그리고 무카로프스키가 밝힌 『건축에서의 기능론』[6]에서의 이론적 기능이 무엇을 말하는가를 정확히 알게 되었다. 그로부터 1920~30년대 서구 모던양식의 수도 시설, 화장실 용품, 전등 및 스위치 등이 일본식 목조건물과 조화를 이루며 통일적 양식을 갖출 수 있으리라는 것을 예상할 수 있었고, 그 예상은 적중했다.

그 집에는 지어질 당시의 상하수 설비에 관한 흔적은 전혀 남아 있지 않았고, 애자와 낯선 규격의 사기로 된 콘센트 등의 전기시설이 일부 남아 있기는 했지만 전혀 사용할 수 없는 상태였다. 그래서 수도와 전기시설을 위해 1920~30년대 서구의 모던양식으로 생산된 수도, 전기설비들을 하나씩 구해 나가면서 복구를 준비했다. 그 과정을 통해 당시 유럽의 생활상을 엿볼 수 있었

2007년 11월 복구 전의
내부 모습

는데, 이미 당시부터 —정보통신 분야를 제외하고 본다면— 오늘날과 같은 현대적 생활이 이루어졌음을 알게 되었다. 그러나 이는 아도르노와 호르크하이머가 『문화산업: 대중 기만으로서의 계몽』[7]에서 밝힌 바와 같이, 1970년대를 전후로 하여 생활용품과 시설물들의 질이 나빠지고 있다는 현상을 확인하는 것이기도 했다.

복구 준비와 계획을 마치고, 2008년 3월 첫 주부터 복구공사가 시작되었다. 집의 원형을 그대로 유지하면서 진행된 복구공사는, 최소한의 복구/보완으로 작업을 계획했음에도 불구하고, 좁은 공간에서 작은 것 하나까지 일일이 손으로 다듬어야 하는 수고스러운 노동이 요구되다 보니 예상보다 매우 더디게 진행되었다. 벽을 조금이라도 건드려야 할 경우, 대나무 살을 세우고 거기에 흙을 비벼 넣은 흙벽에서 흙이 무너져 내리지 않도록 해야 하는 등, 예전의 건축기술에 대한 사전지식이 전무한 상태에서 벌어지는 예기치 못한 수많은 어려움들이 계속되었다. 특히 새로 전선을 매립하고 스위치와 등기구들을 흙벽에 고정시키기 위한 보완 시설을 하면서, 작업자에게 생소하기만 한 베이클라이트, 사기, 유리 등으로 된 등기구와 전기기구들을 일일이 설명하고 확인하며 설치하는 작업은 매우 까다로워 근 한 달이 소요되었다. 특히 주방과 화장실의 복구공사에서는 모든 것들을 1920년대 프랑크푸르트 부엌과 흡사한 방식으로 일일이 맞춤제작 할 수밖에 없었는데, 국내에서 시판되는 것들 중에는 좁게 분할된 그 집의 공간에 들어갈 수 있는 작은 크기의 것이 전혀 없었기 때문이다.

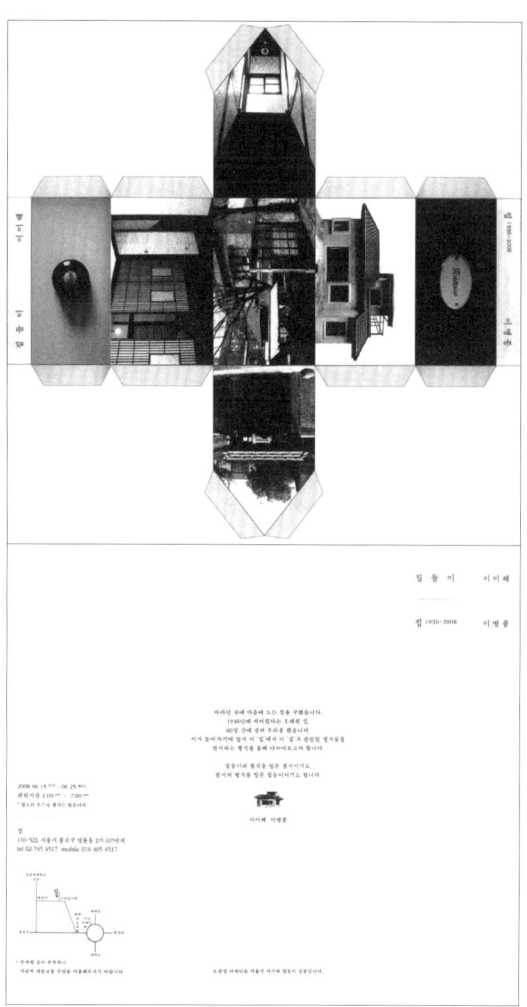

전시 <집 1936~2008>의
초대장

썩은 천장을 뜯어내자, 그 위로 드러난 대들보에 새겨진 동경의 한 목재소와 목수의 이름을 발견할 수 있었고, 건축에 사용된 목재들이 일본에서 들여온 것임을 알게 되었다. 창틀과 창문턱의 각도가 모두 수직이 아니라 빗물이 안으로 흘러들지 않도록 안쪽으로 약간씩 기울어져 있었고, 실내공간뿐 아니라 마루 밑과 천장 위까지도 자연 통풍로가 아주 잘 계획되어 있는 등 당시의 뛰어난 디자인과 제작기술을 발견해나가는 과정의 연속이었다. 또한 서구의 뮤지엄이 산업화 과정에서 과학과 기술의 합리적이고 체계적인 교육과 연구개발을 위한 기관으로 세워졌던 이유를 경험적으로 깨닫는 과정이기도 했다. 현대 서구의 교육과 연구기관은 19세기 말부터 뮤지엄으로부터 명확히 분리-독립되었지만, 뮤지엄은 오늘날까지도 그 기관들과 공존하면서 본래의 역할을 잃지 않고 있다. 그러나 서구의 뮤지엄을 '박물관'이나 '미술관'으로 받아들인 우리는 남아 있는 것들을 '개발'이란 미명 하에 사라지게 하고, 서구와는 반대로 박제되어 있는 뮤지엄만을 갖고 있다. 이러한 모습은 자신을 부정하고 자신 스스로의 성찰을 배제하는 우리 모더니티의 한 단면을 보여준다.

그 집은 현대적 생활이 가능하도록 복구되었지만, 여전히 예전의 삶에 맞춰 좁게 분할된 공간과 훌륭한 건축기술을 그대로 보존하고 있다. 그래서 한편으로 거대하게 비만해진 가전제품과 가구들은 그 집에 전혀 들어갈 수도 없고 어울리지도 않을뿐더러, 그 물건들에 의해 영위되는 '서구화된 현대적' 생활이 불가능하다. 다른 한편으로, 그 집은 한여름에도 에어컨 없이 시원하고 한겨울에도 실내 온도 23도를 유지하는 데 드는 난방비가 7만원 미만이다. 습도 역시 가습기가 없어도 될 정도로 안정적이다. 더욱이 그 집은 잘 만들어진 인공물이 오랜 시간의 흔적과 자취를 머금으면서 얼마나 원숙한 아름다움을 갖게 되는지를 실제로 잘 보여주고 있다. 그래서 2008년 6월, 복구공사를 마치자마자 '새것'만을 지향하는 우리 사회의 '발전'과 '진보' 이데올로기의 맹목적 숭배에 대한 부정의 한 예로서, 그 집 자체를 가지고 <집 1936~2008>이라는 전시회를 열었다. 그와 같은 복구작업과 전시를 행한 배경에는 일상과 주거에 관련해서 내가 체험한 한국의 모더니티에 대한 비판적 반작용이 크게 자리 잡고 있었다.

기억의 파괴로서 개발과 재개발

나는 안성군 고삼면의 외가에서 태어났고 어린 시절의 대부분을 그곳에서 보냈다. 그곳은 산업화의 물결이 아직 닿지 않은 농촌이었다. 가마솥에 장작불을 지피고 우물에서는 도르래질을 하며 해가 지면 등잔불을 켰다. 그러나 그곳은 1972년경부터 급변하기 시작했다. 초가지붕이 양철지붕으로 바뀌자 집들은 하나같이 여름에는 찜통이 되고 겨울에는 꽁꽁 얼어붙었다. 마을에 전기가 들어오자 집집마다 선풍기가 돌아가고 양철지붕 위로 TV 안테나가 하나둘씩 늘어났다. 동네 구석구석이 쓰레기로 뒤덮이고 개울물은 더는 빨래를 하거나 아이들이 목욕하며 놀 수 없는, 악취를 풍기는 썩은 물로 변해갔다. 그와 함께 마을에는 빈집이 하나둘씩 늘어났고, 청년들은 모두 서울과 인천 등지의 공장으로 떠나갔다. 그곳은 곧 내 어릴 적 기억 속의 장소를 전혀 찾을 수 없는 낯선 곳으로 변해버렸다.

서울 역시 예외가 아니었다. 희미한 기억 속에 내가 처음 경험한 1960년대 서울은 혜화 로터리에 전차가 다니고 도로에는 차가 많지 않아 교차로에서 교통순경이 수신호를 하는, 그리 복잡하지 않은 도시였다. 그러나 곧 삼일빌딩이 우뚝 솟고 청계고가도로 위로 차들이 질주하며 동대문 고속버스 터미널에는 2층 그레이하운드 버스가 다녔고 지하철이 놓였다. 서울은 개발과 함께 사방으로 확장되었고, 거기에는 고층 빌딩과 아파트가 들어섰다. 내가 살던 집과 동네는 재개발로 사라졌고, 이사를 가야 했다. 그 후에도 나의 부모님은 포스코 빌딩의 건설에 떠밀려 10년 넘게 살던 대치동 주택을 떠나, 결국 아파트로 이사를 가야 했다. 혜화 로터리에는 전철을 없애고 도로가 확장되었고 고가도로가 건설되었다. 그 도로는 재확장되었으며, 최근에는 그 고가도로마저 다시 허물고 버스 전용도로가 건설되었다. 신신백화점과 화신백화점은 차례로 헐렸다. 인사동에서는 '문화의 거리' 개발과 함께 기존의 건물들을 부수고 새 건물들을 세웠다. 중앙청도 헐리고 남대문은 불탔으며, 경복궁에서는 대대적인 복원 공사와 함께 북촌 개발이 한창이다. 서울에서도 역시 내가 경험하고 기억하는 것들의 대부분이 더 이상 남아 있지 않다. 나서 자라고 경험한 고삼면과 서울에서 나 개인의 정체성이 형성되었다. 그러나 지금의 고삼면과 서울은 내게 낯선 타지가 되었고, 그 속에서 나는 이방인처럼 느껴진다. 이는 내 정체성의 분열이기도 한 것이다.

서구화의 모범, 중심과 변방의 타자화

나는 대전에서 처음으로 '현대적 생활양식'의 전형이라는 아파트에서 살았고, 통계청에서 발표한 평균 이사 주기인 2년에 한 번 꼴로 이사를 다녔다. 그것은 르페브르가 지적했던 바와 같이, '동질적이며 계량적인 (주거)공간' 아파트에서 '새장' 혹은 '주거 기계' 속에 갇히는 경험이었고,[8] 아파트라는 주거상품의 소비로 개인의 생활과 삶이 동질적으로 결정된다는 사실을 직접 체험하는 것이었다. 다른 한편으로는 서울의 타지로서 철저히 대상화되어 서울 중심의 권력과 폭력을 체득하는 시간이도 했다. 그런 현상들은 내가 지금 원주로 이사와 살면서도 변함없이 마주하는 사실들이다. 지방에서 서울은 따라야 할 '발전'의 모범이고, 서울에서 지방은 '발전'을 위한 도구로서의 대상일 뿐이다. 그런 관계의 모습은 '집장사 집'을 중심으로 하는 일상생활 속에서도 자주 발견된다.

아파트 역시 산업화 과정에서 '집장사 집'이 대자본을 중심으로 조직화된 결과이다. 서울에서 서구적 주거 형태의 모범으로 선호되었던 '집장사 집' 양식은 1930년대 개량 한옥에서부터, 1960년대 개량 한옥, 1970년대 2층 양옥과 아파트, 1980년대 고층 아파트, 1990년대 초고층 아파트, 그리고 2000년대에는 초고층 주상복합 아파트로 변해왔다. 서울의 양식은 다시 약 5년에서 10년의 시차를 두고 지방의 모범이 되어왔다. 거기서 사람들의 생활방식과 모범 사이에는 언제나 괴리가 있었는데, 그 괴리의 폭은 지방으로 갈수록 커졌다. 특히 농촌에서는 그 괴리의 폭이 모순된 생활방식의 문제로까지 증폭되는 것을 종종 목격할 수 있다. 그럼에도 그 과정은, 르페브르의 로봇화 되어가는 사람들에 대한 설명과 흡사하게,[9] 사람들 스스로가 모범을 따르는 자율적 행동으로 이루어졌으며, 그 과정을 통해 사람들은 자신이 모던한 자율적 개인이라고 여겼다.

이와 같이 일상에서 경험되는 '발전' 이데올로기와 결합된 '개발', 그리고 서구를 모범으로 삼는 타자화된 중심과 그로부터 다시 타자화된 변방의 모습 등은 오늘날 우리 모더니티의 한 단편적 현상임이 분명하다. 그런 모습은 개화기에 '문명개화'를 외쳤던 제이슨 서재필, 윤치호 등과 같은 '계몽가'들에서도 대동소이하게 나타난다.[10] 거기서 서양문명을 앞서 받아들인 선진 일본은 조선이 따라야 할 모범이었고, 조선인들은 그들이 계몽시켜야 할 대상이었다. 그 '계몽'을 통해 우리에게 전해 내려온 것은 20세기 초 파시즘으로 치달은 '잘못된 합리주의'[11]와 함께 '약육강식'과 '적자생존'으로 대표되는 사회 다원주의적 '민족주의'였다. 그 극단적 종족 민족주의에 기반한 도구적 목적 합리주의는 권력집단에 둘도 없는 이데올로기가 되었고 국민들을 전체적으로 통합해내는 헤게모니로 작용했다.[12] 거기서는 지배 권력의 자본 경제적 합리성만이 추구되었고 국가의 공식교육 체계를 통해 교육됨으로써, 사람들은 자본 경제적 이익만을 추구하는 실용주의를 신봉하게 되고 물신주의에 의해 지배되었다.

그 결과, 사람들은 아도르노와 호르크하이머가 논한 미국의 현대 '유물론자'[13]보다 더 강고하게 물신주의를 숭배하는 '유물론자'가 되었다. 그래서 주거에 관련된 우리 모던의 현상 중에서는 자신의 집과 생활이 드러내는 시장가치에 의해 자신을 평가받고, 보다 높이 평가되는 집과 생활을 얻고자 자발적으로 경쟁에

뛰어든다는 점이 두드러진다. 그런 제 현상과 자본 경제적 차원에서 깊이 연관된 것이 바로 주거생활 관련 소비잡지들이다. 그 잡지들은 사람들에게 경쟁의 방향과 방법을 알려주며, 그들을 지배 경제적 틀에서 벗어나지 않도록 조정하는 역할을 담당한다. 그러나 그 잡지들을 보다 보면, 1930년대《조선일보》에 실린 '만문만화'가 무엇보다 떠오른다. 그 '만문만화'에서 보여주는 것이 우리 주거생활에서 나타나는 모더니티의 단면과 너무도 흡사하기 때문이다.

> 문화주택은 1930년에 와서 심하였었는데…… 구미대학 방청석 한 귀퉁이에 안저서 졸다가 온 친구와 일본 기자통만 갓다온 친구들과 혹은 A, B, C나 겨우 알아볼 만치된 아가씨와 결혼만 하면 문화주택, 문화주택하고 떠든다. 문화주택은 돈 많이 쳐들이고 서양 외양간 같이 지어도 이층집이면 좋아하는 축이 있다. 높은 집만 문화주택으로 안다면 놉다란 나무 위에 원시주택을 지어 놓은 후에 '스위트 홈'을 베프시고, 새똥을 곱다랗게 쌀는지도 모르지.

안석주,《조선일보》, 1930. 11. 28.
신명직,「모던보이 경성을 거닐다」, 현실문화연구, 2003, p.178에서 재인용

1
모던Modern은 거시적으로 르네상스 이후 이성 중심의 정신을 기반으로 하는 시대를 가리키며, 미시적으로는 서양에서 합리론에 입각한 시민의 산업시대를 일컫는다. 그리고 모던의 시대에 나타나는 가치, 태도, 경향, 성격, 특징 등의 모든 현상을 총괄하여 하나로 추상화한 성질을 모더니티Modernity라 한다.

2
과학scientia은 대상의 이해를 통한 인식으로 얻어지는 이론적 지식과 그 체계를 말한다. 그러나 우리는 과학과 기술을 명확히 구별하지 않고 있으며, 종종 과학을 engineering sciecnce, technology와 동의어로 사용한다. 그래서 나는 서른이 다 되어서야 과학이 무엇인가를 겨우 알게 되었고, 그제야 조금이나마 과학적 사고를 할 수 있게 되었다. 미술은 영어 art를 번역한 말로서, 그 어원은 희랍어 techne, 라틴어 ars, 즉 사회적으로 필요한 대상물을 생산하는 인간의 노동기술이다. 서양에서는 17~18세기까지도 건축이 기술의 대표적 중심이었기에 비트루비우스의 「건축십서」가 중요히 다루어졌고, 그 이후부터 분업화/전문화되었다. 그 후 20세기로의 전환기에 건축에서 산업적 생산기술로서 engineering이 분화되고 전문화를 이루었다. 설계는 영어 design의 번역으로, 그 어원은 라틴어 designare이며 건축을 위시한 미술의 (물리적, 물질적) 실천을 위해 구상/계획하는 정신노동 기술을 지칭한다.

3
개화기에 일본에서 받아들인 단어 민족民族, 국가國家의 계몽이 문명개화의 중심이었다. 그 과정에서 일본에서 발견된 광개토대왕비, 단군과 고조선의 (재)발견, 을지문덕 등 영웅의 (재)발견을 통해 민족과 국가의 정통성과 당위성이 창조되었다. 보다 자세한 내용은 다음의 책을 참조하면 된다.

A. 슈미드, 「제국과 그 사이의 한국」, 휴머니스트, 2007
신기욱, 「한국민족주의의 계보와 정치」, 창비, 2006
강상중, 「내셔널리즘」, 이산, 2004
이승원 외, 「국민국가의 정치적 상상력」, 소명출판사, 2004

4
서구의 변증법적 인식론에 따르면, 인간의 대상에 대한 보편적 이해는 개인의 대상에 대한 체험에서 출발한다. 개인의 체험은 개인 자신이 살아가는 생활환경 속에서 이루어지는데, 그 생활환경이란 실제 작용하고 체험되는 가치세계의 통일된 전체이다. 여기서 개인이 체험하는 것은, 그 개인에게 객관적으로 작용하는 것과 다르나, 개인이 객관적으로 작용하는 것에 대한 그의 생활환경 조건 속에서의 인식이라는 사실은 분명하다.
Th. W. Adorno, M. Horkheimer, Dialektik der Aufkaerung, Fischer, Frankfurt a.M. 1969 K. Kosik, Die Dialektik des Konkreten, suhrkamp, Frankfurt a.M. 1986

5
나의 아버지는 한국전쟁 이후부터
성균관과 성균관대학교에 계셨기에,
나의 기억 속에 그분과 같이한 곳은
주로 성균관과 명륜동 및 인사동이었다.
그분은 돌아가실 때까지도 주로
명륜동과 인사동 주변에서 사람들을
만나셨다.

6
Jan Mukarovsky, Kunst, Poetik, Semiotik,
Suhrkamp, Frankfurt a.M.

7
Th. W. Adorno, M. Horkheimer, 앞의 책

8
H. Lefebre, Die Revolution der Staedte,
Muenchen 1972, p. 89; in 강수택,
『일상생활의 패러다임』, 민음사, 1998, p. 69.

9
"외부로부터 규정되고 로봇화되어가는
사람들도 자신을 여전히 그리고 더
자율적인 존재로, 오직 자신의 자발적인
의식에서만 의존되고 있는 존재로
간주한다."; in 강수택, 앞의 책, p. 74.

10
A. 슈미드, 앞의 책; 신기욱, 앞의 책

11
Vgl. 잘못된 합리주의 sich verirrender
Rationalismus (E. Husserl); in 강수택,
앞의 책, pp. 279.

12
Th. W. Adorno, M. Horkheimer, 앞의 책;
강수택, 앞의 책, pp. 303.

13
"여기 미국에서는 인간과 인간이 갖게
된 경제적 운명 사이에 구별이 없다.
누구도 그가 가진 재산이나 수입이나
지위나 기회 이외에는 아무것도
아니다. (중략) 현대인은 관념론을
저버리고 진정한 유물론자가 되었다.
그들은 자신을 시장 가치에 의해
평가하며, 자신이 누구인가 하는 것은
그들이 자본주의 경제 속에서 무엇을
겪었는가로부터 알게 된다."; in Th. W.
Adorno, M. Horkheimer, 앞의 책

근대건축과 우리의 얼굴

안창모. 경기대학교 건축대학원 교수

21세기를 맞이한 지도 벌써 10여 년이 지났지만 필자에게는 아직 20세기라는 표현이 더욱 익숙하다. 몸은 21세기에 살고 있어도 마음은 온통 20세기의 도시와 건축에 붙잡혀 세상을 더디게 살아가기 때문인지도 모르겠다. 10년이면 강산도 변한다고 했는데 21세기 들어 10년이 지난 지금, 우리 도시는 얼마나 어떻게 변했을까? 청계고가가 사라지고, 자동차가 다니던 곳에 물이 흐르고, 한강과 서울 시내 곳곳이 꽃단장을 하고 있으니 적어도 서울은 정말 많이 변했고 앞으로도 더 변할 것임에 틀림없다. 그러나 이러한 눈에 띄는 변화보다 더욱 의미 있는 변화가 지난 10년 사이에 일어났다.

1999년 9월, 많은 사람들의 기억 한편에 자리 잡고 있던 국도극장이 어느 날 자고 일어나 보니 자취를 감추는 '사건 아닌 사건'이 일어났다. 자본주의 사회에서 경제적 가치에 따라 건물이 사라지고 새로 지어지는 일이야 새삼스러운 일이 아니니 사건이라고 보기는 힘들 것이다. 하지만 국도극장 철거 소식을 접한 사람들의 반응은 달랐다. 여기저기서 국도극장이 사라졌다는 사실에 대한 탄식이 흘러나왔고 방송과 신문에는 그러한 시민들의 반응과 함께 소리 없이 사라지는 근대문화유산을 다룬 기사들이 등장하기 시작했다. 이러한 현상은 그보다 10여 년 전인 1988년, 화신백화점을 철거할 때의 반응과 사뭇 다른 것이었다. 1938년 세워진 화신백화점은 우리나라 최초의 근대 건축가 박길룡의 작품일 뿐 아니라 김두한과 함께 일제강점기에 한일 상권의 자존심을 지켰던 종로의 상징이었다. 따라서 소유주가 화신백화점을 철거하려했을 때 뜻있는 시민과 전문가들이 적극적으로 철거반대 운동에 나서기는 했지만, 국도극장 철거 때처럼 범시민적인 관심이 모이지는 않았다.

민주화를 갈망하던 시절, 독재정권에 많은 사람들이 공분을 표출한 적이 있었고, 독립기념관과 같은 국가 기념비적인 건축물에 언론의 관심이 집중된 적은 있었지만 일개 위락시설인 극장 건물 철거에 국민들의 공분이 표출되거나 언론의 관심이 집중된 적은 없었다. 특히 국도극장이 일제강점기에 일본인 건축가에 의해 설계되었고 일본인 거주지였던 남촌의 대표적 위락시설이었다는 점을 감안하면 사람들이 국도극장 철거에 대해 표했던 공분과 애도의 감정은 매우 이례적인 일이었다. 도대체 화신백화점 철거 이후 10여 년 사이에 무슨 일이 있었던 것일까?

국도극장 철거에 대한 사람들의 반응을 이해하기 위해서는 지난 세월 우리가 어떻게 살아왔는지 돌이켜볼 필요가 있다. 사실 1970년대까지만 해도 우리나라는 TV가 보편화되지 않았을 뿐 아니라 서울랜드와 같은 위락시설은 꿈도 꾸기 어려운 시절이었다. 해방과 전쟁을 겪으며 보릿고개에서 탈출하기 위해 여념이 없던 경제 개발기에 모처럼 큰마음 먹고 가족 나들이를 나설 수 있는 곳 중 가장 근사한 곳이 극장이었다. 그중에서도 국도극장은 꽤나 좋은 극장이어서 쉽게 나들이할 수 없는 선망의 대상이었다. 그러나 1980년대 들어 TV의 보급과 다양한 위락시설의 등장으로 극장은 점점 잊혀갔다. 강남을 중심으로 새롭게 등장하는 멀티플렉스 극장의 추세를 따르지 못했던 국도극장과 같은, 한 편의 영화를 대형화면에서 상영하는 재래식 극장은 점차설 자리를 잃어갔다. 그렇게 우리의 기억에서 잊혀갔던 극장의 존재를 새삼스럽게 깨닫게 해준 사건이 국도극장 철거였다. 무심코 잊고 지내는 사이에 힘들었던 시절을 함께했던 소중한 존재가 사라지고 말았다는 사실이 많은 사람들 사이에서 국민적 공분이라는 형태로 나타났던 것이다.

이것은 청계천을 복원하겠다고 나섰던 한 정치인을 전폭적으로 지지했던 국민들의 감정과 다를 바가 없다. 청계천 복원에 대해 국민들이 절대적인 지지를 보낸 것은 콘크리트가 덮였던 것이 그저 열악한 환경을 가진 오래된 물길이 아니었기 때문이다. 청계천을 복원한다는 것은 힘들고 어려웠던 시절에 우리가 지키지 못했던 것들을 되찾는다는 것을 의미했다. 많은 사람들이 국도극장 철거에 공분을 느낀 것 역시, 국도극장 자체가 갖고 있는 건축적 아름다움 때문이 아니었다. 어느새 물질적 풍요에 길들여진 우리의 무관심이 고락을 같이했던 유서 깊은 극장을 사라지게 했다는 자책을 불러온 것이다. 동시에 지난 세월을 증거하는 근대화와 산업화 시기의 문화유산이 언제든 아무도 모르게 사라질 수 있다는 사실을 국도극장을 통해 알게 되었다.

결국 국도극장 철거로 표출되었던 국민의 공분은 근대문화자산을 그대로 버려둘 수 없다는 공감대 형성으로 이어졌고, 2001년에는 등록문화재 제도가 도입되면서 국가가 본격적으로 개항 이후에 형성된 근대문화유산의 보호에 발 벗고 나서게 되었다. 등록문화재 제도를 탄생시킨 국도극장 철거는 이 땅의 근대문화유산의 운명을 바꾸어놓은 계기가 되었다는 점에서 한 알의

밀알이 된 셈이다. 등록문화재 제도가 도입된 이래 수백 건의 근대문화자산이 문화재로 등록되었고, 근대문화자산의 범위도 건축 이외에 영화, 자동차 등으로 그 범위를 확대해가고 있지만, 사실 숫자나 종류는 그다지 중요하지 않다. 중요한 것은 우리 사회가 이전까지 쉽게 용납하지 않았던 일제강점기하의 근대문화유산도 이 땅의 일부로 받아들이기 시작했다는 사실이다. 이는 문화자산에 대한 국민들의 성숙한 인식 전환이 엿보이는 대목일 뿐 아니라, 우리의 21세기를 기대하게 만드는 부분이기도 하다.

그런데 요즘 한창 사람들 입에 오르내리는 '근대문화유산'은 무엇이고, 언제 어떻게 형성된 것일까? 사실 일반인들은 '근대건축'이 구체적으로 무엇을 의미하는 것인지 잘 모르는 경우가 많다. 필자가 학교에서 '한국근대건축' 강의를 시작할 때 학생들에게 각자가 생각하는 '근대'의 시간적 범위를 물어보면, 가깝게는 자신이 태어난 1980년대부터 조선시대 후기에 이르기까지 매우 폭넓은 대답이 나온다. 이러한 현상은 우리의 근현대사에 대한 부정적인 인식 탓에 그동안의 역사 교육이 조선시대까지로 집중되어 근대 이후에 대한 교육이 충분히 이뤄지지 않았기 때문이다. 그러나 많은 사람들이 서로 다른 시기를 근대라고 인식하고 있다는 사실 자체가 '근대'의 속성을 잘 드러내고 있다고 할 수 있다. 근대는 전근대 시기와 달리 정보와 교통의 발달에 힘입어 지리적 경계를 넘어섬으로써 능력이 미치는 범위 내에서 넓은 세계를 체험할 수 있는 시대이긴 하지만, 거꾸로 광범위해진 세계로 인해 오히려 자신의 경험에 비추어서 세상을 바라보게 만듦으로써 파편화된 경험을 양산해내는 시기이기도 하기 때문이다.

구체적으로 우리에게는 근대라는 시공간이 탄생한 것은 지금으로부터 120여 년 전의 일이다. 1876년 개항을 통해 나라의 문호가 세계를 향해 열리면서 조선은 변하기 시작했다. 인천과 부산을 비롯한 개항장에는 이제껏 우리가 경험하지 못했던 새로운 문물이 등장했고, 낯선 얼굴의 이방인들과 이 땅의 공간을 함께 사용하기 시작했다. 학술적인 차원에서 논하는 근대와 다소 차이가 있지만 그렇게 형성되기 시작한 것이 이 땅의 근대였으니, 우리의 근대는 산업혁명을 통해 등장한 새로운 시민사회의 성장과 함께 만들어진 서구 사회의 근대와 그 모습이 다를 수밖에 없었다.

이후 35년에 이르는 일제강점기를 거치는 동안 한반도 방방곡곡은 크게 변했고, 그곳에는 예외 없이 식민지배의 흔적이 남겨졌다. 이른바 일본 제국주의의 잔재였다. 식민지의 흔적은 개항기의 흔적과 그 모습이 달랐다. 개항기에 형성된 근대문화유산은 '대한제국 정부가 서구의 근대국가를 지향하며 궁궐에 지었던 양관이나 산업시설, 서구 열강과의 국교 수립으로 지어진 각국의 공사관과 개항장의 양관, 그리고 선교사들이 세운 교회건축'들로 주로 서양의 역사주의 건축 양식이 주를 이루었다. 반면, 일제강점기에 형성된 근대문화유산은 서양의 역사주의 건축양식을 닮은 식민지 관공서와 일식주택, 그리고 상업시설이 주를 이루었다. 이러한 모습은 1970년대까지만 해도 우리 도시의 주된 경관을 형성하고 있었다. 이후 한국전쟁과 1960~70년대 '한강의 기적'이라 불리는 경제 개발기를 거치면서 우리는 앞만 보며 나아갔다. 수출 100억 달러에 국민소득 1000달러만 달성하면 우리도 선진국이 될 수 있다는 말에 한눈팔지 않고 달려야 했고, 그 사이에 우리의 산하는 또 한 번 크게 변했다. 우리는 그 변화를 자랑스러워 했고 1988년 서울올림픽은 그러한 성과를 전 세계에 과시하는 장이기도 했다. 하지만 동시에 우리가 지켰어야 할 소중한 것들을 짓밟아왔다는 것을 미처 깨닫지 못했던 시기이기도 하다.

깨달음은 세기말을 정리하면서, 새롭게 새 천 년을 맞이하는 과정에서 이루어졌다. 20세기를 마무리하는 각종 행사는 지난 한 세기를 차분하게 뒤돌아볼 수 있는 기회를 마련해주었고, 오늘날 우리의 삶이 지난했던 지난 한 세기의 결과라는 사실을 알려주었다. 1999년 국립현대미술관에서 열린 <한국건축 100년>전은 그러한 세기 말 행사의 하나였다. 국도극장 철거 사건 역시 한몫을 더했으며 이러한 깨달음의 결과가 근대문화유산에 대한 우리의 태도와 삶의 현장을 다르게 만들기 시작했다. 이 땅에 지어진 최초의 화력발전소인 당인리 발전소를 문화발전소로 만들자는 제안이 정부에서 받아들여진 일, 서울의 새로운 미래를 그리는 신청사 건설을 앞두고 구 서울시청 본관을 어떻게 보존하는 것이 바람직한 것인지 여론이 분분했던 것이나, 서울 역사의 복원과 문화공간화가 사회적 공감대 속에 진행되고 있는 것들 모두가 지난 10년 사이 근대문화유산에 대한 달라진 우리 사회 모습을 보여주는 사례들이다.

사람은 나이 마흔이 넘으면 자신의 얼굴을 책임져야 한다고 한다. 도시도 마찬가지다. 우리의 도시와 건축은 지난 세월 우리가 어떻게 살아왔는지 있는 그대로 증거해준다. 따라서 우리의 도시가 어떠한 모습을 갖게 되는가에 대한 책임은 두말할 것도 없이 바로 우리에게 있는 것이다. 앞으로 우리가 살아가야 할 미래의 모습, 그 한가운데에 근대문화유산이 자리하고 있다. 근대문화유산은 오늘의 삶을 가능하게 한 밑바탕이기에 중요하지만, 동시에 이들에 대해 어떠한 입장을 갖느냐가 우리의 삶을 의지하고 있는 도시의 모습을 결정짓는다는 점에서 더욱 중요하다. 근대문화유산은 조선시대까지의 문화유산과는 여러 면에서 다른 모습을 갖고 있다. 그중 가장 큰 차이는 근대 이전의 문화유산은 이미 역사적인 평가가 완료되었지만, 근대문화유산은 가치 형성의 주체가 바로 우리라는 사실이다. 바로 이러한 특징으로 인해 근대문화유산은 우리와 다음 세대를 연결하는 다리와 같은 역할을 수행한다. 기성세대의 기억과 가치관 속에서 보존되지만 정작 보존된 문화유산을 향유하는 것은 다음 세대이기 때문이다. 따라서 근대문화유산에 어떠한 메시지를 담느냐는 곧 다음 세대에게 우리 삶이 어떠했는지 보여주는 것에 다름이 아니다.

주요 근대건축 목록

1. 세창양행 사택
우리나라 최초의 서양식 건물로 독일의 무역회사인 세창양행世昌洋行, 마이어상사가 사용했던 건물이다.

2. 구 러시아 공사관
조선 말기에 설립된 르네상스 양식의 러시아 공사관 건물이다. 을미사변으로 명성황후가 시해되자 고종이 1896년 세자와 함께 옮겨가 이듬해 경운궁으로 환궁할 때까지 피신했던 곳이기도 하다. 러시아인 사바틴이 설계했으며 공사관 건물은 한국전쟁 때 불타고 현재는 탑부만 남아 있다.

3. 중구 요식업조합
일본 오사카에 본점을 둔 제58은행의 인천 지점이다. 광복 후 조흥은행이 인천 지점으로 사용하기도 했으나 1958년 조흥은행이 이전하자 대한적십자사 경기도 지사로 사용되다가 현재는 인천 중구 요식업조합에서 사용하고 있다.

4. 약현성당
최초의 서양식 교회건물로 1999년 화재로 첨탑이 사라졌으나 1892년 건립 당시의 형태로 복원했다. 1893년 들여온 우리나라 최초의 서양식 종을 비롯하여 창립 100년이 넘은 가톨릭출판사가 운영되고 있다.

5. 독립문
독립협회가 한국의 영구 독립을 선언하기 위하여 영은문 자리에 전 국민을 상대로 모금운동을 해서 세웠다. 프랑스의 에투알개선문을 본떠서 서재필이 스케치한 것을 근거로 독일공사관의 스위스인 기사가 설계했다. 1979년 성산대로를 개설하면서 현재의 위치에 복원했다.

6. 감곡성당
충북 최초로 건립된 성당이자 석조 건축물이다. 1896년 기존 본당을 폐지하고 현재의 장호원으로 본당을 이전했다. 프랑스 신부인 시잘레가 설계하고 중국인이 공사를 진행했다.

7. 환구단(원구단)
원구는 천자가 하늘에 제사를 드리는 제천단을 말하는 것으로 고종의 황제 즉위식과 제사를 지내기 위해 만들어졌다. 1913년 일제에 의해 원구단이 철거되고 다음해 조선호텔이 들어서면서 축소되었고 지금은 일부만 보존되어 조선호텔 경내에 남아 있다.

8. 정동교회
한국 최초의 프로테스탄트 교회 건축물이다. 아펜젤러 선교사가 '벧엘예배당'이라는 그의 집에서 공중예배를 가지던 곳으로 후에 아펜젤러가 직접 교회 공사를 진행했다. 1926년 한 차례 증축 공사와 1953년에는 한국전쟁으로 인한 반파된 교회를 복원했다.

9. 명동성당
한국 최초로 교회 공동체가 성립된 곳이다. 1882년 한미수호조약 체결 이후 성당 건립 추진 중 약현본당과 분리되어 설계되었고 코스트 신부와 그의 후임인 프와넬 신부가 건축 현장을 진행했다.

10. 목포시립도서관
일본영사관을 목적으로 설립된 붉은 벽돌로 지어진 2층 건축물이다. 광복 후 1914년 목포부청사, 1974년 목포시립도서관, 1990년

목포문화원으로 사용됐으며 현재는 전시관으로 쓰기 위해 보수 공사 중이다.

11. 덕수궁 정관헌
대한제국 시절 고종이 다과를 들거나 연회를 열고 음악을 감상하는 등의 목적으로 사용하기 위해 덕수궁 안에 지은 회랑 건축물이다. 다양한 건축재를 사용하고 서양풍의 건축양식에 전통목조건축 요소가 가미된 독특한 건축물로 궁내의 근대 건축물 중 가장 오래되었다.

12. 구 일본영사관
목포진의 옛 건물에서 현재의 위치인 대의동 일본영사관으로 이전하게 되었다. 목포에서 가장 오래되고 규모가 큰 근대 건축물로 건립 당시의 외형이 그대로 보존되어 있다.

13. 인천문화원
제물포에 거주하던 외국인의 사교장으로 사용되던 건물로 '제물포 구락부'라고 불렸다. 1913년 조계(외국인이 자유로이 거주하며 치외법권을 누릴 수 있는 구역)가 철폐되면서 여러 차례 용도가 바뀌었고 1953년부터는 인천시립박물관으로 이용되다가 현재는 인천문화원으로 사용되고 있다.

14. 손탁호텔
한국 최초의 서양식 호텔이다. 초대 러시아 공사인 베베르와 함께 한국을 찾은 손탁이 고종으로부터 정동에 있는 가옥을 하사받아 외국인 집회장소로 사용했다. 1902년 2층 서양식 건물을 신축한 뒤 호텔로 운영하다 이화여고에 매입되어 기숙사와 교실 등으로 사용했으며 현재는 그 자리에 이화여고 100주년 기념관이 세워졌다.

15. 존스톤 별장
중국 상해에서 항만시설 공사로 많은 돈을 번 영국인 제임스 존스턴이 인천에 지은 여름 별장으로 '인천각'으로도 불렸다.

16. 구 서울구치소
'서대문 형무소'로 통칭되던 근대적 시설을 갖춘 한국 최초의 감옥이다. 이 구치소는 구한말의 전옥서를 시작으로 1908년 현저동으로 이전했고 1967년 서울구치소로 개칭되었다. 1988년 서울시는 독립관으로 복원하고 1996년 유료공원화했다.

17. 건국대학교 구 서북학회 회관
종로구 낙원동에 민족애국단체인 '서북학회 회관'으로 세워진 건축물로 일제강점기에 오성학교 등 민족계 학교 교사로 사용되었다. 1977년 도시계획으로 철거, 해체되어 1985년 건국대학교 교정 안으로 이전되었다. 현재 건국대학교 박물관으로 사용되고 있다.

18. 구 운현궁 이준 저택
조선 후기 흥선대원군의 사저이며 고종이 태어나 12살까지 자란 곳이다. 원래는 궁궐에 견줄 만큼 크고 웅장했지만 1991년 운현궁을 유지, 관리하는 데 여러 가지 어려움이 생기면서 서울시가 매입하게 되었고, 덕성여자대학교와 전 TBC 방송국이 들어서고 1993년 12월부터 보수공사를 시작하면서 현재의 모습을 갖게 되었다.

19. 선교사 스윗즈 주택
스윗즈, 핸더슨, 캠벨 등의 선교사가 살았던 붉은 벽돌로 지어진 2층 건물이다. 1981년 동산의료재단에서 인수하여 사택으로 사용하고 있다.

20. 선교사 챔니스 주택
스윗즈 주택과 같은 시기에 선교사들이 레이너 선교사를 위해 지은 주택이다. 스윗즈 주택의 남쪽에 붉은 벽돌로 지은 2층 건물로 당시 우리나라에 머물던 미국인들의 건축, 주거, 생활양식을 잘 보여주며 1984년부터 사택으로 사용되고 있다.

21. 선교사 블레어 주택
미국인 선교사들이 블레어 선교사를 위해 붉은 벽돌로 지은 2층집이다. 블레어, 라이스 선교사들이 거주해 오던 것을 1981년 동산의료재단이 인수하여 사택으로 사용하고 있다.

22. 덕수궁 석조전
영국인 G. D. 하딩과 로벨이 설계한 근대식 석조 건물이다. 1946년 미소공동위원회가 열렸으며 한국전쟁 이후

1986년까지 국립중앙박물관으로 사용되었다. 1992년 궁중유물 전시관으로 사용되다가 2005년 국립고궁박물관이 건립되면서 이전하였고 국립근대미술관으로 활용될 예정이다.

23. 한국은행 본관
일제의 침략정책에 따라 1905년부터 정부 국고금의 취급, 화폐 정리, 은행권 발행 등을 담당할 일본 제일은행의 한국 지점인 조선은행으로 설립되었다. 광복 직후 화재와 한국전쟁으로 건물의 일부가 파괴되었으나 1956년, 1989년 보수공사를 통해 원형 복원했다. 현재 화폐박물관으로 사용되고 있다.

24. 오웬기념각
전라남도 최초의 선교사이자 광주에서 활동하던 선교사 클레멘트 C. 오웬과 그의 할아버지 윌리엄을 기념하기 위해 건립한 건물이다. 현재 광주기독병원 간호전문대학 강당으로 사용되고 있다.

25. 정동 이화여고 심슨기념관
이화여자고등학교 캠퍼스에 남아 있는 가장 오래된 건물로, 1915년 미국인 사라 J. 심슨이 위탁한 기금으로 세워졌다. 붉은 벽돌로 외관을 지었고 지하 1층, 지상 4층 규모의 철근 콘크리트 구조의 근대건축물로, 학교건축의 초창기 서양건축양식을 도입했다.

26. 천교도 중앙대교당
당시 천도교 부구총회의 결정에 따라 설립된 건물로 3대 교주이던 의암 손병희가 건평 400평 규모로 짓고자 계획했으나 조선총독부의 규제로 축소, 재설계했다.

27. 예산 호서은행 본점
민족 금융기관이었던 호서은행의 본점 건물로 지역의 민간유지들에 의해 건립되었다. 1943년 조흥은행 예산 지점 건물이 되었다가 1984년 충청은행에 인수되었다. 최근 경매로 개인에게 넘어간 후 1층은 은행 지점, 2층은 조합사무실로 쓰이고 있다.

28. 조양회관
대구 독립운동의 대표적인 유적지로 일제강점기에 중국, 만주 등지에서 항일민족운동을 펼치던 서상일이 대구에서 대구구락부라는 친목단체를 결성하며 독립운동의 구심점이 될 회관의 건립을 추진했다. 1984년 지금의 대구광역시 동구 효목동으로 이전하면서 원형 그대로 복원된 후 현재 광복회관과 항일독립운동 사료전시실로 사용되고 있다.

29. 구 대구상업학교 본관
구 대구공립상업학교의 본관으로 붉은 벽돌로 지은 2층 건물이다. 대구 지역 상업교육의 시작을 상징하는 건물로 2007년 내부 보수공사를 거쳐 문화예술공간으로 사용되고 있다.

30. 문화동 우리예능원
충청북도에 남아 있는 대표적 일본식 목조주택으로 1924년 충북금융조합 사택으로 세워졌다. 1954년부터 청주 YMCA 회관으로 사용하였으며, 현재는 유치원으로 사용되고 있다.

31. 이화여자대학교 파이퍼 홀
기부자인 미국의 파이퍼 여사를 기념하기 위한 건축물이다. 여성 고등교육기관을 대표하는 건물로 규모는 작지만 창과 문, 계단 난간, 바닥 타일까지 옛 모습 그대로 보존되고 있다.

32. 전남도청 본관
일제강점기의 건축가 김순하가 설계를 맡았다. 1930년부터 전남도청으로 사용되었으며 현 도청은 전라남도 무안군 삼향면 남악리에 신청사를 완공하여 이전, 2005년 11월 개청했다.

33. 동대문 운동장
최초의 근대체육 시설이다. 해방 이후 군중집회 장소로 사용되기도 했으며 1962년 보수 공사를 통해 국제 규모의 운동 경기를 치를 수 있는 시설을 갖추었다. 2009년 서울시는 기존의 동대문 운동장을 철거하고 동대문 디자인 파크 조성 사업을 진행하고 있다.

34. 동아일보 사옥
1925년 동아일보는 당시 유명한 기생 요릿집인 명월관을 구입해 사옥을 설립했다. 원래는 지상 3층의 건물이었으나 동아일보의 사세가 확장되면서 1939년, 1963년 두 차례에 걸쳐 수평, 수직으로 증축했다. 그리고 2001년 초 용도 변경 계획에 따라

개보수를 착공하여 2002년에
일민미술관으로 개관했다.

35. 임시 수도 대통령 관저
한국전쟁 당시 부산이 임시
수도였을 때 이승만 대통령
관저로 사용되던 목조건물이다.
1984년 '임시 수도 기념관'으로
개관했다.

36. 여수 애양병원
미국 포사이트 의료 선교사가
나환자 병원을 광주에서 여수로
이전하면서 세운 2층 석조
건축물이다. 병원 본관으로
사용되다가 양로원으로
사용하기도 했다. 1999년 이후
보수 공사를 통해 애양병원
역사관으로 사용되고 있다.

37. 서울시청 청사
설립 당시 경성이라는 명칭에
따라 경성부청으로 불렸다.
일본 통감부시절 정책에 따라
목조건물에서 현재의 건물로
건립되었다. 다섯 차례에 걸친
증축으로 현관을 제외한 내, 외부
모습이 많이 변형되었다.

38. 언더우드가 기념관
연세대학교의 전신인
연희전문학교의 설립자 H.G
언더우드 박사를 기념하기 위한
건축물이다. 언더우드의 아들인
원한 경이 초석을 놓고 당시
연희전문학교 화학과 교수였던
E. H. 밀러가 공사감독을 했다.
현재는 대학본부로 쓰이고 있다.

39. 남대문로 한국전력 사옥
경성전기주식회사 사옥으로
설립되었다. 최초로 화재와 지진을
고려하여 설계했으며 엘리베이터
설비와 유리블록 등을 건축재료로
사용했다. 설립 당시 5층 규모의

건물이었으나 8·15 광복 이후 2개 층을 증축하여 현재까지 한국전력 사옥으로 사용되고 있다.

40. 서울시립미술관
종로구 신문로 경희궁 내 옛 서울고등학교 건물을 보수하여 개관했다가 2002년 현재 위치로 이전하여 재개관했다. 1920년대 건축양식으로 지어진 옛 대법원 건물을 파사드만 그대로 보존한 채 신축했다.

41. 구 동양척식주식회사
    부산 지점
1908년 일본이 조선의 토지와 자원을 수탈할 목적으로 설립한 식민지 착취기관으로 8·15 광복 이후에 부산에 진주한 미군 숙소로 쓰이다가 1949년 미국문화원으로 개원했다. 그 후 1999년 한국으로 소유권이 반환되어 2003년 '부산근대역사관'으로 개관했다.

42. 국군기무사령부 본관
소격동 옛 국군기무사령부 부지에 있는 건물로 일제강점기에 박길룡이 설계했다. 당시 경성의학전문학교 외래진찰소로 설계되었으며 보안사를 거쳐 국군기무사령부의 중심 건물로 쓰였다. 현재 2012년 국립현대미술관 분관으로 개관되기 위해 준비 중이다.

43. 구 호남은행 목포 지점
목포에 유일하게 남아 있는 근대 금융계 건축물로 벽돌 표면에 붉은색 타일 마감의 2층 건물이다. 전면 중앙과 양쪽 측면의 짧은 포치와 수직 창이 당시 지방 금융 건축물의 특징을 나타낸다.

44. 홍파동 홍난파 가옥
작곡가 홍난파가 작고하기 전까지 6년간 살았던 가옥으로 홍파동 월암근린공원에 위치하고 있다. 현재 개보수를 거쳐 소규모 공연장으로 사용되고 있다.

45. 여수 구 청년회관
서양식 벽체 위에 동양식 지붕을 얹은 2층짜리 혼합형 건축 양식 건물이다. 일제강점기에 남한에서 유일하게 민간인이 세운 청년회관으로 당시 여수 지역 항일운동의 근거지로 사용되었다.

46. 한국문화예술진흥원
    (구 경성제국대학 본관)
경성제국대학의 본부 교사로서 준공된 건축물로 일본의 이시스키가 설계했고 한국의 일송, 박길룡이 건축에 참여했다.

1975년 서울대학교가 관악산으로 이전하면서 동숭동 소재의 옛 서울대학교 건물은 모두 헐리고 이 건물만이 남아 있다.

47. 충청남도청
충청남도청은 본래 현 공주대학교사범대학 부속고등학교 자리에 설립되었으나 1932년 대전으로 이전했다. 당초 2층으로 준공되었던 것을 1960년경 3층으로 증축했다.

48. 서울시의회 의사당
    (구 부민관)
경성전기주식회사로부터 기부 받아 경성부가 설립한 부립극장이다. 1,800석의 관람석과 냉난방 시설까지 갖춘 한국 최초의 근대식 다목적 회관이다. 1945년 강윤국, 조문기 등이 일제에 충성하는 아세아민족분격대회가 부민관에서 개최된다는 소식을 접하고 행사장인 부민관을 폭파하기도 했다. 여러 가지 용도로 사용되다가 1991년부터 서울시의회 의사당으로 사용되고 있다.

49. 제일은행 구 본점
최초로 국제 현상설계에 의해 지어졌다. 당시 '조선 저축은행'이라 불렸고 은행 건물로서는 최초로 철골, 철근 구조를 사용했으며 한국산 화강석을 사용했다. 한국전쟁 때에도 피해 없이 원형 그대로 보존되고 있다.

50. 대전여중 강당
한국 고유의 초가지붕을 연상하게 하는 부드러운 지붕 곡선을 가지고 있는 박공지붕 건물이다. 현재 대전여자중학교 강당이자 미술 전시장으로 쓰이고 있다.

51. 구 산업은행 대전 지점
옛 산업은행 지점 건물로

일제강점기 관청의 분위기와 비슷한 르네상스 풍의 견고하고 근엄한 분위기를 나타내는 건축물이다. 현재 한국산업은행이 소유, 관리하고 있다.

52. 덕수궁 미술관

한국 최초의 근대적 미술관으로 설립되었으며 당시에는 이왕가 미술관이라 불렸다. 덕수궁 석조전 동관과 조화를 이루는 아름다운 건축물로서 분수대를 사이에 두고 있다. 현재 국립현대미술관의 분관으로 사용되고 있다.

53. 화신백화점

한국인이 세운 최초의 현대식 백화점으로 박길룡이 설계했고 최초의 엘리베이터가 있었다. 원래는 목조 4층 건물이었으나 1935년 화재로 사라졌다가 5층 콘크리트 건물로 보수되었다. 1987년 도시 재개발 과정에서 사라지고 종로 타워가 들어섰다.

54. 삼성초등학교 구 교사

일본이 '조선교육령'을 발표한 뒤 대전에 처음 생긴 초등학교로 경부선 철도 부설 공사가 시작되면서 일본인의 이주가 늘어나자 일본 어린이를 교육하기 위해 건립되었다. 회덕공립보통학교로 개교하였으며 현재 한밭교육박물관에서 사용하고 있다.

55. 정독도서관

옛 경기고등학교가 이전하면서 남겨진 건물을 1976년 서울시가 인수하여 1977년 정독도서관으로 개관했다. 1938년 당시 스팀 난방 방식을 도입한 최고급 학교 건축물로 철근 콘크리트에 벽돌로 벽을 쌓아올린 3층 학교 건물이다.

56. 경교장

1938년 금광업자 최창학의 개인 저택으로 세워졌으나 광복 후 친일행위를 속죄한다는 의미에서 김구와 대한민국임시정부 요원들에게 집무실 겸 숙소로 제공한 곳이다. 현재 건물 2층은 김구 선생의 옛 집무실이 원형대로 복원되어 기념실로 운영되고 있다.

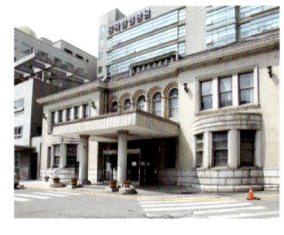

57. 간송미술관 보화각
한국 최초의 근대식 사립박물관으로 간송 전형필 선생이 보화각이라는 이름으로 1938년 설립했다. 1966년 전형필 선생의 수집품을 바탕으로 수장품을 정리, 연구하기 위해 한국민족미술연구소의 부속기관으로 발족되었다. 매년 2회에 걸쳐 전시를 열고 있으며 국보급 문화재 10여 점이 소장되어 있다.

58. 대방동 서울기계공업 고등학교 본관
근대 공업기술교육이 이루어졌던 경성공립공업학교 건물이다. 1956년 일부 보수가 이뤄졌지만 1930년대 말에 지어진 본관 건물은 원형대로 보존되고 있다.

59. 공릉동 구 서울공과대학
건립 당시 경성제대 이공학부 본관이었던 건물로 현재는 서울산업대학교 기계공학관과 대학건물로 사용되고 있다. 중앙 8층의 타워에 1940년대 교육 시설의 전형적인 특징인 'ㅁ'자형으로 배치되어 있다.

60. 하남호텔
6.25 전쟁 이후 이화여대 프라이 홀 근처에 당시의 건축자재들을 긁어모아 개보수한 건축물이다. 아치로 전면을 강조한 영국식 베란다 스타일 건축물로 1969년 최금준이 3층짜리 신관을 덧붙여 증축했으나 1995년 헐렸다.

서울역사

소재지: 서울시 중구 봉래동 2가 122
설립 연도: 1922년 6월 착공, 1925년 9월 준공
설계: 도쿄대학 건축과 교수 츠카모토 야스시
지정 번호: 사적 제284호
규모: 지하 1층 지상 2층, 면적 6,631㎡

서울역의 원래 위치는 염천교 부근이었고 남대문역이라 불렀다. 1925년 당시 남대문역을 관리하던 남만주 철도주식회사는 조선을 일본-조선-만주로 이어지는 국제 철도시대의 현관이자 식민지 경영의 관문으로 만들기 위해 르네상스식 건축물을 신축하고 경성역으로 명칭을 변경하였다. 광복 후 국유화 정책에 의해 역은 정부로 접수되었고 1947년 서울역으로 명칭이 변경되었다.

기둥이 늘어져 있는 1층은 대합실로, 2층은 귀빈실 등으로 사용되었고, 통과역의 기능을 수행하기 위해 지하를 역무실로 사용했으며 지하는 바로 승강장으로 이어졌다. 이후 서울역사는 서울의 급격한 발전과 수송량을 감당하기 위해 1960년대 남부, 서부역사를 신설하여 본 역사와 구분하여 사용했고 2004년 새로운 역사가 신축되면서 구 역사는 폐쇄되었다.

현재 서울역은 새로운 문화공간으로 탈바꿈하기 위해 내부공사를 진행하고 있다. 사진은 리모델링에 들어가기 전 서울역의 모습

이상의 「날개」에 나오는 경성역의 티룸이 있던 대합실

명동 예술극장

소재지: 서울시 중구 명동 1가 54번지
설립 연도: 1934년 준공
설계: 다마타 건축사 사무소
규모: 지상 5층, 지하 1층

명동 옛 국립극장이 설립 당시 명칭은 '명치좌明治座'로, 1930년대 일본인들을 위한 위탁 시설이자 일본 영화를 상영했던 극장이었다. 해방 이후 1948년 서울시 공관, 1959년 국립극장으로 탈바꿈되었고, 1975년 대한투자금융에 매각되어 금융업체 건물로 탈바꿈하기도 했다. 1994년 사라질 위기에 놓였던 옛 명동 국립극장을 명동상가 번영회가 시민서명운동을 통해 복원 운동을 하였고, 2003년 문화관광부가 '외환은 보존하되 내부를 공연장으로 리모델링한다'는 기본 원칙에 따라 착수해 2007년 명동예술극장이라는 이름으로 재개관되었다.

116

명동 옛 국립극장의
모습과 리모델링후
명동 예술극장이란
이름으로 재개관한 모습

세종케 리모델링한
명동 예술극장의 내부
모습

배재학당 역사박물관

소재지: 서울시 중구 정동 34-5
설립 연도: 1885년
설계: 심의석
지정 번호: 서울기념물 제16호
규모: 지상 3층, 지하 1층

배재학당은 1885년 미구인 감리교 신교사 헨리 게르하트 아펜젤러Henry Gerhart Appenzeller, 1858-1902가 설립한 우리나라 최초의 서양식 근대교육기관이다. 1886년 고종 황제는 '유용한 인재를 기르고 배우는 집'이라는 뜻으로 '배재학당'이란 이름을 하사했다. 2008년 7월 24일 새롭게 단장한 배재학당 동관은 1916년 준공한 유서 깊은 근대 건축물로 수많은 근대 지식인들을 배출한 신교육의 발상지이자 신문화의 요람이다. 현재는 배재학당 역사박물관으로서 근대교육의 면모를 확인할 수 있는 소장품들과 함께 상설 전시장, 기획 전시장, 체험 교실 및 세미나실 등으로 사용되고 있다.

배재학당의 뒷모습

매헌학사의 내부 계단

성공회 서울대성당

소재지: 서울특별시 중구 정동 3
설립 연도: 1922년 착공, 1926년 5월 2일 완공, 1996년 증축
설계: 아서 딕슨
지정 번호: 서울특별시 유형문화재 제35호
규모: 지하 1층, 지상 3층, 조장기 건축 면적 519㎡,
연면적 909㎡

서울대성당은 1890년 제물포항에 도착한 C.G. 코프가 낡은 한옥에 십자가를 세우고 장림교회로 이름 짓고 성기 미사를 드리던 곳이었다. 그 후 서울대성당은 1922년 착공, 1926년에 한공되었으며 성공회의 도착화 선교 정책에 따라 로마네스크 양식에 한국적 건축미를 살려 설계되었다. 1926년 축성, 1994년 증축 공사를 거쳐 1996년 지금의 모습을 가지게 되었다.

3·1운동 당시 그리스도교계 학생들의 만세운동 중심지였고, 1970년대 사회정의실현과 민주화 운동에 기여했으며 1987년 6월 민주화항쟁이 6·10 국민대회 등으로 국민운동의 상징적 장소가 되기도 했다. 서양인에 의해 설계된 동양 최초의 본격 로마네스크 양식 건축물이라는 점에서 역사적으로 중요한 의미를 지닌다.

성공회 서울대성당

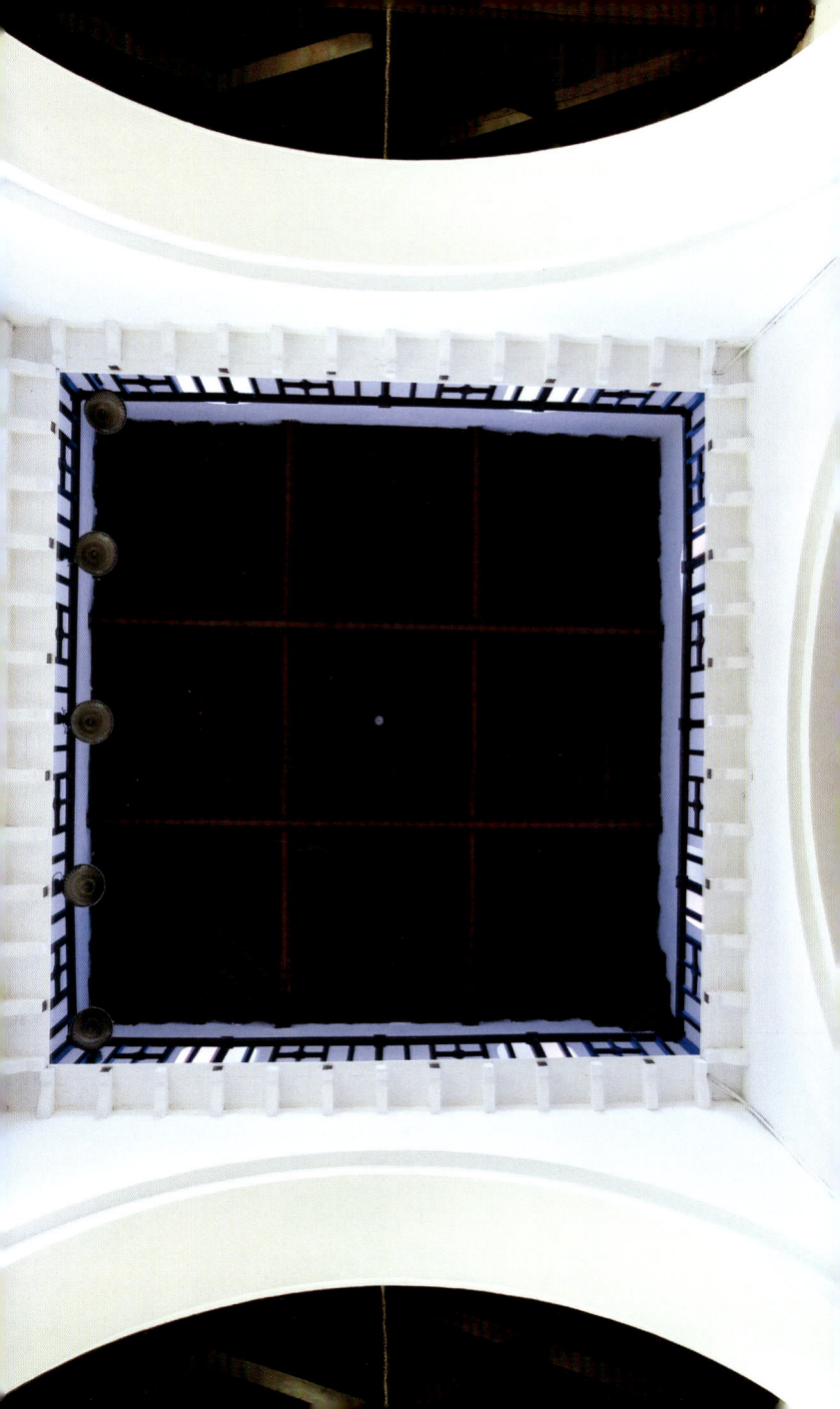

삼랑사 구조의 기둥이
만들어내는 곡선형 아치

명륜동 적산가옥

소재지: 서울시 종로구 명륜2동 107번지

설립 연도: 1936년

설계: 미상

규모: 지상 2층

적산가옥은 1945년 광복 후 일본인이 물러가면서 남겨놓고 간 일본식 목조건물을 말한다. 적산敵産이란 말 그대로 적의 재산, 즉 '자기 나라의 영토나 점령지 안에 있는 적국의 재산, 또는 적국인 소유의 재산'을 뜻한다. 일제강점기에 일본이 수탈한 농산물 등을 집하하고 운반하는 기지였던 과거 항구 도시나 서울 회현동, 청파동 등에 적산가옥이 꽤 남아 있었지만 지금은 찾아보기 쉽지 않다. 명륜동 적산가옥은 1936년에 지어진 일본식 목조건물로, 버려져 있던 가옥을 개인이 외대한 옛 구조를 훼손하지 않는 범위에서 보수 공사를 진행해 주거공간으로 사용하고 있다.

142

본섬 목조 주택 전시회 <1936-2008> 중 거실 모습.
사진. 이종근

평륜동의 일본식 목조
주택은 인테리어 잡지
《매종》2008년 9월
특집 '그들의 집, 조금
다른 사유의 방식'에도
소개되었다.
사진. 이종근

MODERN ARCHITECTURE & ART

19세기에 접어들면서 서구 사회는 급격한 변화를 겪게 된다. 과학기술의 발달과 도시의 팽창 등 시대의 변화는 예술가들에게 새로운 예술의 대상이 되었다. 이때 등장한 인상파는 이러한 변화된 자신들의 작품에 등장시켜 커다란 반향을 일으켰다. 우리나라도 1900년대 근대화 과정에서 급격한 변화를 겪었다. 미술가들은 새로운 조류를 흡수하기 시작해 전통적 방식이 아닌 미술기법과 대상을 찾아 나섰다. 그 결과 근대기 건축, 도시 공간은 미술가의 눈을 통해 투영, 기록, 보존, 해석될 수 있다.

박영선
<남산에서>
1947

화가 박영선은 일본 가와바타 미술학교에서 미술을 공부하며 당시의 신 미술기법을 받아들였다. 이 그림은 프랑스 파리로 유학을 떠나기 전, 사실주의적인 화풍이 주를 이루던 시절의 작품으로 덜리 조선총독부와 명동성당 등 남산에서 바라본 서울 시내가 한눈에 보인다.

김인승
<덕수궁에서>
1939

덕수궁에 있는 정관헌과 함께 서울시청 쪽을 배경에 담았다. 정관헌은 고종 황제의 연회 장소로 사용된 곳으로 양옥건축이라고는 하나 팔작지붕 등 동양적인 요소가 엿보인다.

김주경
<북악산을 배경으로 한 풍경>
1927

로마네스크 양식으로 지어진 성공회 서울대성당은 그 이국적인 외양으로 인해 종종 미술가들의 작품 소재로 등장했다. 이 그림은 서울대성당이 완공된 지 1년 후인 1927년, 당시 일본에 유학하고 있던 화가 김주경이 그린 것이다.

MODERN ARCHITECTURE & MOVIES

우리나라 최초의 영화는 1919년에 시작되었으며 1926년 춘백무성 영화가 나오면서 영화제작이 본격화되었다. 하지만 제작환경과 자본의 열악함으로 인해 주춤하다가 6·25 전쟁 이후 1950년대에 제2의 황금기를 맞게 되었다. 이 시기에 이르러 어느 정도 현대적인 스튜디오와 기자재를 갖추게 되었고, 1959년에는 한국 영화사상 처음으로 한 해 제작편수가 100편을 넘어서는 활황을 누리게 되었다.

서울의 지붕 밑
1961
이형표

양기를 싫어하는 한의사가 자신의 딸과 젊은 의사와의 만남을 반대하고 믿어왔다 출마했다가 낙선하여 실망감으로 한을 위한 상태에서 땅의 결혼을 승낙한다는 내용이 코미디 영화 <서울의 지붕 밑>의 도입부 장면. 1960년대 서울 풍경으로 두 개의 이미지가 상반된 모습을 보여준다.

종의 건축물과 그 사이로 전통적인 한식 기와지붕이 보인다. 두 번째 사진은 한식 기와지붕들이 모여 있는 주거 지역을 클로즈업한 것이다. 1920년대부터 급속히 진행되기 시작한 도시 인구의 증가는 전통적인 주거 유형인 한옥에도 변화를 가져왔다. 기존 한옥이 가지던 넓은 공간 구성이 축소되고 ㄷ 혹은 ㅁ자 형으로 마당을 둘러싸는 도시형 한옥의 모습을 보여준다.

첫 번째 사진은 서양식 건물이 즐비한 시가지로 곳곳에 일본 관공서

159

<서울의 지붕 밑>
스틸 이미지

청춘쌍곡선
1956
한형모

가난하고 부유한 두 가정을 흥자적으로 묘사한 코미디 영화 <청춘쌍곡선>의 배경은 일본식 서양풍 건축물이 즐비한 부산 시가지이다. 부산이 일본인 거주지로 변하면서 관청, 학교, 병원 등 일본식 건물과 서양식 근대건축이 축조되기 시작했다. 1910년 이후 르네상스 양식의 서양풍 건축양식이 선보였고 1920년대부터는 일본 기업의 건축물로 일본식 서양풍 건축이 주류를 이뤘다.

163

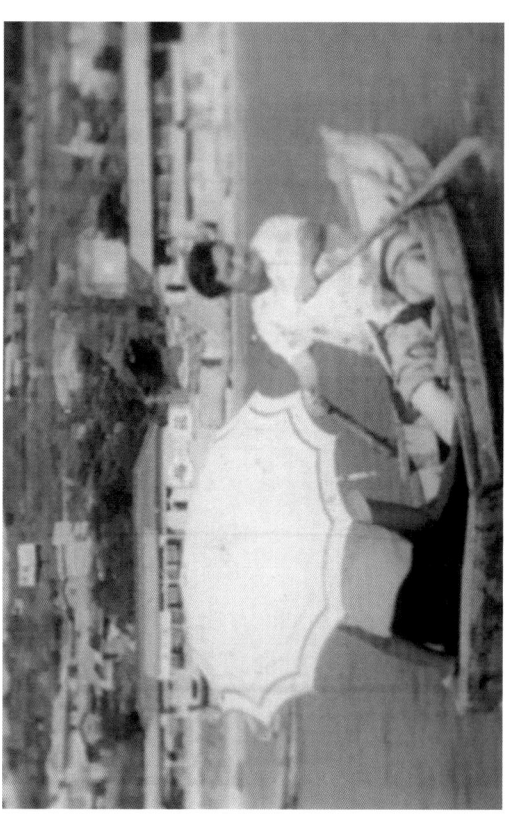

MODERN ARCHITECTURE & GRAPHICS

현재 남아 있는 근대건축의 도면과 문서들은 근대화가 진행되던 시기를 살펴볼 수 있는 귀중한 자료로서 당시 일본이 주도했던 근대도시로의 변화뿐만 아니라 문자에 남겨진 텍스트와 그래픽적인 표현까지 볼 수 있다.

설계도의 재료로는 일제강점기 시기 최고급 도면용지로 알려진 크로스지와 트레이싱지, 청사진, 미농지, 한지, 켄트지 등 다양한 재질이 사용되었다. 필기구로는 연필, 잉크, 색연필, 먹물 등이 사용되었으며 100년이 넘은 현재에도 알아보기 쉬운 상태로 남아 있다. 지형도, 지적도, 배치도, 평면도, 입면도, 단면도, 상세도 등 건축에 필요한 모든 정보가 기재되어 있으며 도면마다 작성 연도가 표시되어 있어 시설의 역사적 변천을 살펴볼 수 있다.

경성제국대학 도서관(구 서울대학교 중앙도서관), 1927

일제가 1922년 '제2차 조선교육령'을 공포하면서 현재 동숭동 연건동에 경성제국대학이 설립되었다. 이 캠퍼스는 해방 후 서울대학교 캠퍼스로 사용되다가 1976년 서울대학교가 현재 관악구로 이전하면서 대학 본부를 제외한 모든 건물이 철거되었다. 현재 마로니에 공원, 아르코 미술관, 그리고 서울대학교 의과대학으로 사용되고 있다.

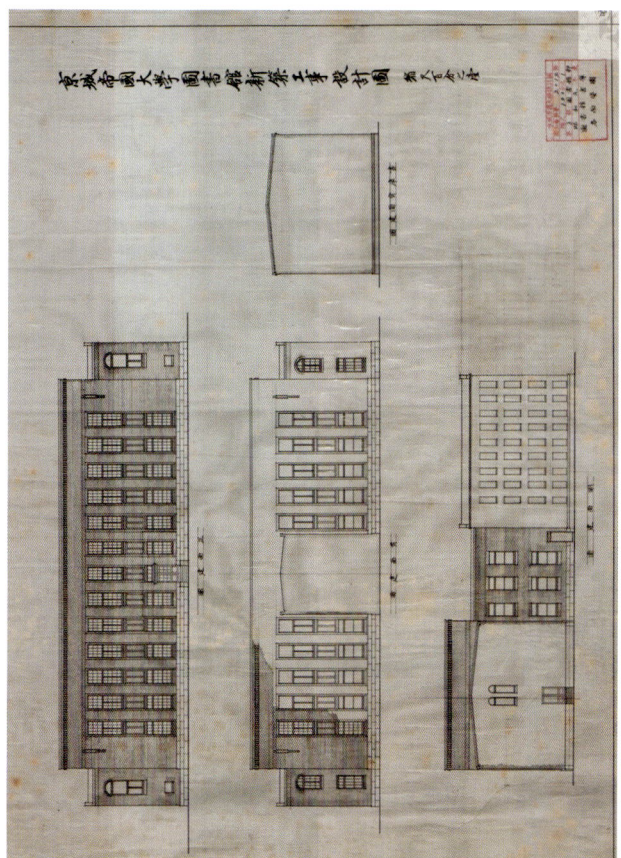

경성제국대학 도서관
신축 공사 설계도, 1926

축척 100분의 1인
경성제국대학 도서관
외벽 마감 공사 설계도로
초기 계획 당시 도서관의
T자형의 중앙 건물과
사가의 옆면도이다.
田자형과 비슷한 전체
도서관 체계에서
우선 T자형 한 동의
건물만을 지어 도서관을
개관하려는 계획 의도를
알 수 있다.

출처: 국가기록원
일제시기 학교 건축 도면
컬렉션

경성제국대학 도서관 1층 평면도, 1933

축척 100분의 1인 경성제국대학 도서관 1층 평면도이다. 1926년 평면도에서 보이던 남측 정면의 건물이 사라졌으며, 서측 연구동의 북측에 새로운 건물이 추가되고 서가의 중간 부분에서 서측 연구동으로 회랑이 계획되어 있다.

출처: 국가기록원 일제시기 학교 건축 도면 컬렉션

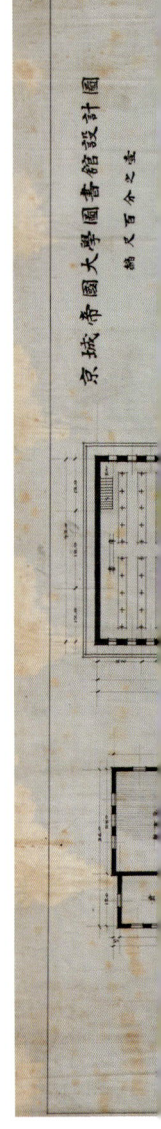

京城帝國大學圖書館設計圖

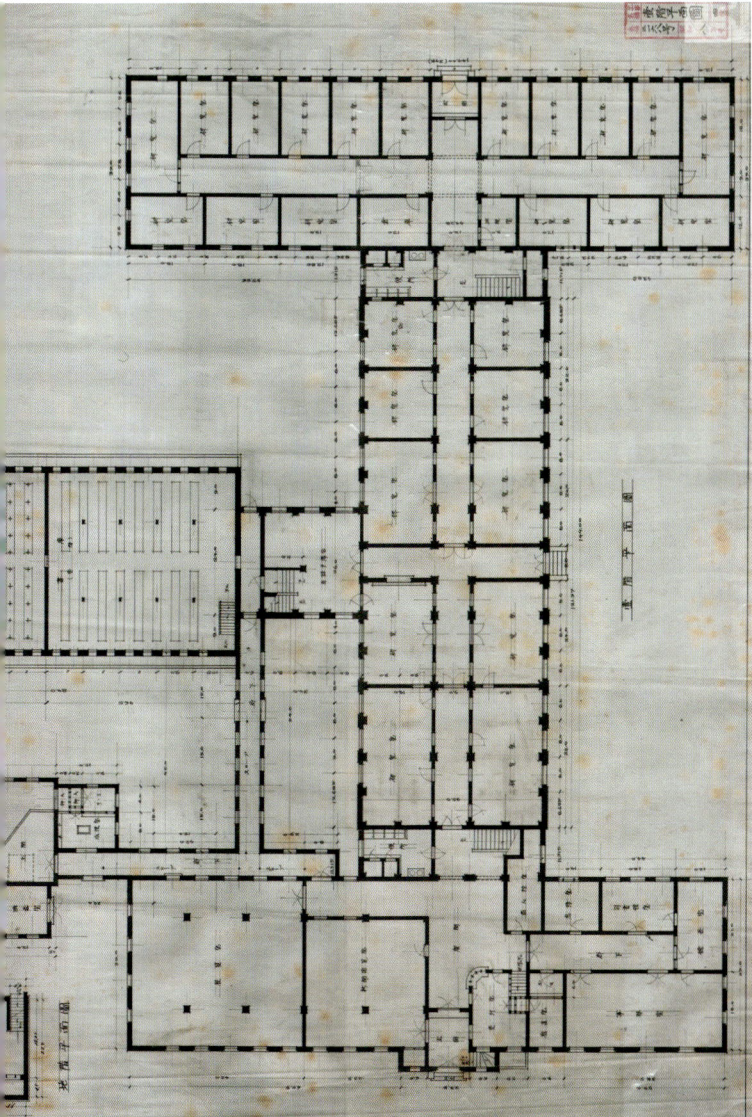

MODERN ARCHITECTURE & MASS MEDIA

일본 하 경성 시가지 계획

1936년(쇼화 11년) 경성부는 새로운 도시 계획을 수립했다. 한성의 개시로 외국인 거주가 늘어나고, 각종 공공시설이 설립 및 시구개정 사업이 진행됨에 따라 성곽 도시인 경성은 도시 공간 구조에 일대 변화이 일어나 도시가 외연적으로 확대되어 나갔다. 특히 시구개정 사업으로 도로가 확장됨에 따라 새로운 시가지 형성을 위한 건축 활동이 활발하게 전개되었다.

여기에 실린 1월 4일 자 《대한매일신보》에는 '약진 대경성'이라는 제목 아래, 당시와 30년 전의 서울 모습을 비교한 사진을 비롯해 새로 지어진 부민관, 상역생명보험관, 저축은행의 사진과 함께 새로운 경성시가지 계획이 자세하게 소개되어 있다. 아래는 일부 기사를 발췌한 것이다.

躍進大京城

郊外로〳〵세더서 膨脹에또大膨脹

모든것이몃갑절식늘어 國際都市의面目躍如

자라가는 대경성! 조선의수도(首都)로 국제도시(國際都市)로 문화의중심지로 일본六대도시에 수준(水準)에 스게된 이경성——도로(道路)교통(交通)건물(建物)통신(通信)위생(衛生)등 그한가지도 약진(躍進)을보히지 아니한것이업다 명치(明治)四十四년에 二十七萬八千九百五十八인에 불과하든인구(人口)가 소화九년에 이르러일약三十九萬四千五百十一인으로 十二萬여명의 증가를보게되엿고 이에따라 확무지가든 부상동(樓上洞) 체부동(體府洞)가회동(嘉會洞) 삼청동(三淸洞)창신동(昌信洞)一대에는 전에보지못하든 주택이 총〻이박히게되엿다 이것으로만도 부족하야 수년전부허는ㅅ외로 진출히야하게한시울가운동소문박ㅅ북동(城北洞)파 신당리(新堂里) 마포동(麻浦洞) 아현리(阿峴里) 룡산(龍山) 一대에는 문화주택이 열을지어스게되엇다 교통으로 보면 동대문박게서 청량리(淸凉里)까지가는 전차선로가 복선(複線)이되고 서대문(西大門)에서 마포(麻浦)까지의 새로운전차선로가 가설(架設)되엇스며 사통오달(四通五達)로 뚤닌곳에 ㅅ아스팔트ㅅ우로 단이는 자동차(自動車) 전차(電車)들은ㅅ스피드ㅅ시대의 문화도시를형성하고잇다 통신으로는 몃해전부터 항공우편(航空郵便)이 실시되어 동경(東京)을 수시간에 왕복하게되엇고 수년전만하야도 골목ㅅ에대소변과 쓰레기도산(山)을일우든것이 지금은그런자최를 볼수가업다 작년一년간ㅇ부내각경찰서 창구에들어온건축허가원을보면 조선사람의가장중심지대인 종로서에二千五百건서대문이一千二百二十五건 동대문에 二千六百五十五건룡산에七百四十一건 총계七千一百二十一건으로약ㅅ호가당의새

빼며가는대경성은 ㅅ계획(都市計劃 城擴張)이 실현되 편입될구역은 면적

擴張:實現되면 一躍六十萬府民

토운건물이 새로건 다 이모든것이도시 成長)을자랑하고잇 의발전은놀라운바이 니라 금년봄에는도시 안(都市擴張案)이 어나 그후에는면적 현재의三배(倍)가 구는廿萬을증가하야 萬의 대인구로되여 一대와동소문박 성 洞)가능리(貞陵里) (永登浦)등이 전 입되는동시에 한강 중심으로 대경성이 이다

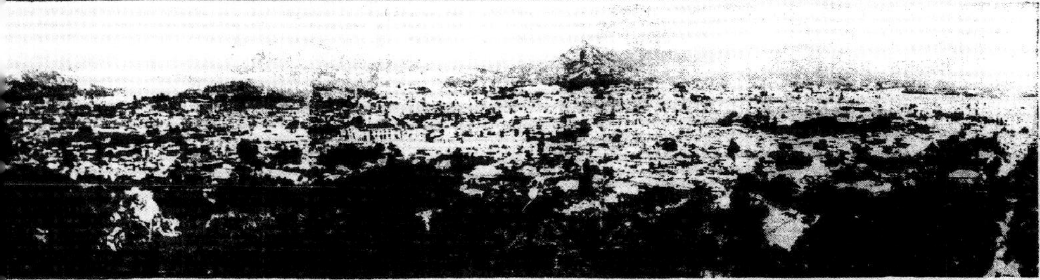

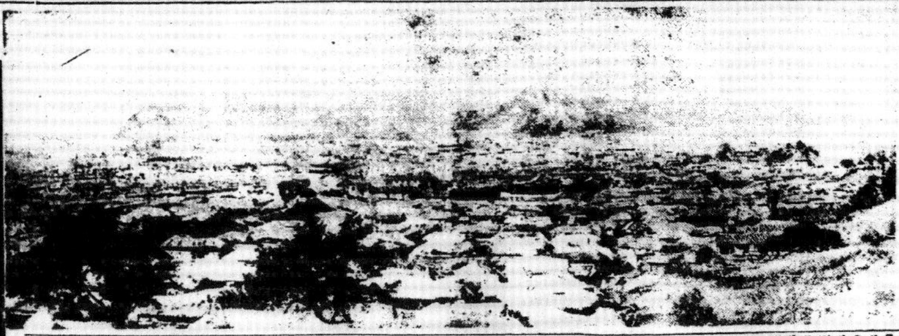

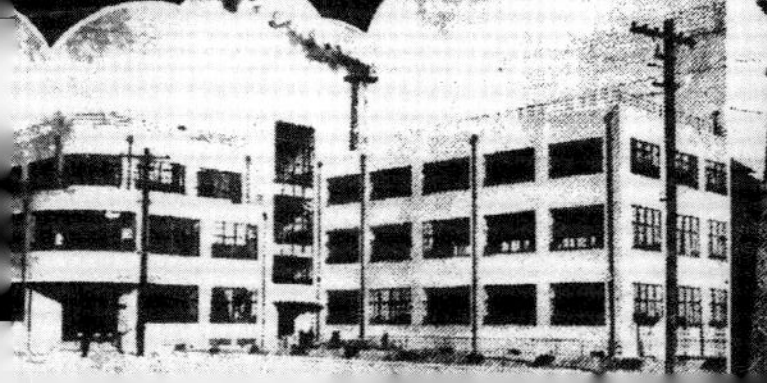

大京城寫眞畫報

(上)은國際都市의偉觀을자랑하는수日의京城의昝을우든三十年前의長安(下右)下段二葉은를자랑하는雄偉建物의一部이니(左上은新築된京城府民館(同下)는輸易生命保險館及(下貯蓄銀行의新店舖

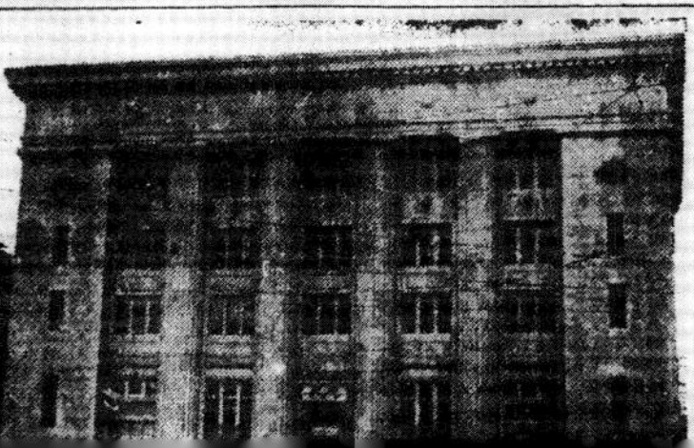

국제도시로서 부끄러울 것 없다

경성부윤 다테

우리 경성부는 반도의 수도이며 부끄러움이 없을 만큼 약진을 하여 작년에도 모든 시설에 획이 예정과 가티 진행된 것은 부민과 더부러 가티 깃버하는 바입니다. ...... 우리 경성부는 인구 사십사만이라는 놀라운 수를 헤아리게 되엿고 내지 6대 도시에 다음가는 것으로 아즉 불완전한 것도 잇스나 장차 약진하는 일보의 국제도시의 수준에 스게 되엿습니다. 도시계획, 시구의 개수, 상하수도의 완비, 오물처리교육, 상공업의 발달, 도시교화의 일들이 중첩하야 잇습니다. 불원간 구역의 확장에 따라 평일될 지역은 현재 2배로 20만의 인구를 가지고 잇게 되엿스나 하등의 문화적 시설이 엽시 이것을 정비하기에는 용이한 것이 안입니다. 금후로 더욱 만이 후원하야 주시기를 바라며 세해를 마지한 40만 부민각위의 행복을 축하합니다.

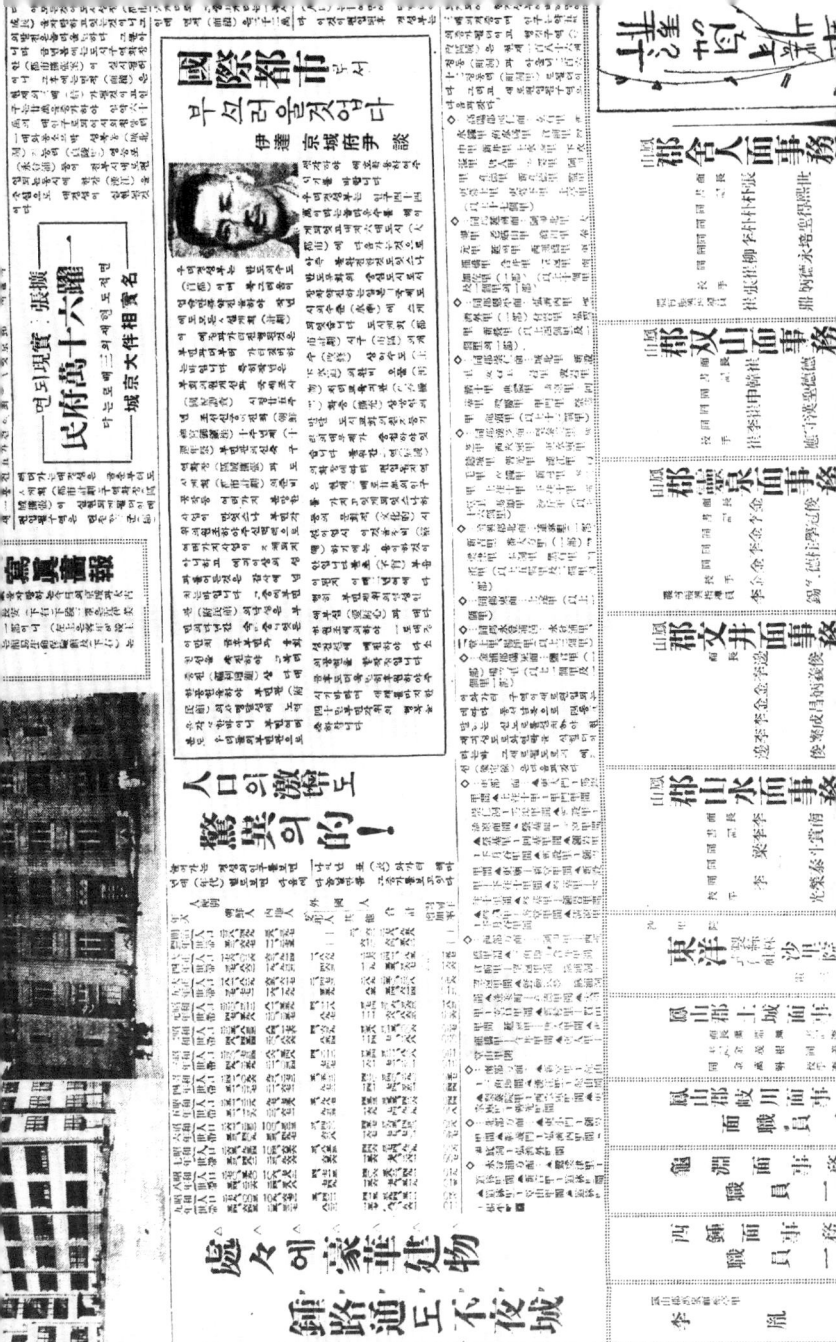

북노마드 디자인 문고 2
한국의 근대건축

초판 1쇄 인쇄 2011년 8월 31일
초판 1쇄 발행 2011년 9월 5일

글. 오창섭 류동현 이승원 김정신 이병종 안창모

펴낸이. 강병선
편집인. 윤동희

기획. 박활성
편집. 임국화 박은희
디자인. workroom
사진. 박정훈 조영하
마케팅. 방미연 우영희 정유선 나해진
온라인 마케팅. 이상혁 한민아 장선아
제작. 안정숙 서동관 김애진
제작처. 영신사

펴낸곳. (주)문학동네
출판등록. 1993년 10월 22일 제406-2003-00045호
임프린트. 북노마드

주소. 413-756 경기도 파주시 문발동 파주출판도시 513-8
전자우편. booknomad@naver.com
트위터. @booknomadbooks
페이스북. www.facebook.com/booknomad
문의. 031.955.2660(마케팅) 031.955.2675(편집) 031.955.8855(팩스)

ISBN 978-89-546-1580-8 04600
      978-89-546-1538-9 (세트)

북노마드는 출판그룹 문학동네의 임프린트입니다. 이 책의 판권은
지은이와 북노마드에 있습니다. 이 책 내용의 전부 또는 일부를
재사용하려면 반드시 양측의 서면 동의를 받아야 합니다.

이 책의 국립중앙도서관 출판시도서목록(CIP)은 e-CIP
홈페이지(www.nl.go.kr/cip.php)에서 이용하실 수 있습니다.
(CIP 제어번호: CIP2011003449)

www.munhak.com